Professor Stewart's Hoard of Mathematical Treasures

［英］伊恩·斯图尔特◎著　张云◎译

数学万花筒2
（修订版）

人民邮电出版社
北京

图书在版编目（ＣＩＰ）数据

数学万花筒. 2 / （英）伊恩·斯图尔特著；张云译.
-- 修订本. -- 北京：人民邮电出版社，2017.4（2024.2重印）
　（图灵新知）
　ISBN 978-7-115-44984-9

Ⅰ. ①数… Ⅱ. ①伊… ②张… Ⅲ. ①数学—普及读
物 Ⅳ. ①O1-49

中国版本图书馆CIP数据核字(2017)第036602号

内 容 提 要

　　本书是《数学万花筒（修订版）》、《数学万花筒3：夏尔摩斯探案集》的姊妹篇。在保持一贯的大杂烩风格，收集大量有趣的数学游戏、谜题、故事和八卦之外，伊恩·斯图尔特教授还记录下了海盗红胡子船长和考古学家科罗拉多·史密斯的寻宝冒险。同样地，本书最后给出了那些有已知答案的问题的解答，以及相关话题的更多信息。本书适合各种程度的数学爱好者阅读。修订版对 2012 年版的译文进行了全面整理提升。

◆ 著　　　　[英] 伊恩·斯图尔特
　　译　　　　张 云
　　责任编辑　楼伟珊
　　责任印制　彭志环
◆ 人民邮电出版社出版发行　　北京丰台区成寿寺路11号
　　邮编　100164　　电子邮件　315@ptpress.com.cn
　　网址　http://www.ptpress.com.cn
　　北京虎彩文化传播有限公司印刷
◆ 开本：880×1230　1/32
　　印张：10.25　　　　　　　2017年4月第2版
　　字数：307千字　　　　　　2024年2月北京第21次印刷
　　著作权合同登记号　图字：01-2011-0740号

定价：49.00元
读者服务热线：(010)84084456-6009　印装质量热线：(010)81055316
反盗版热线：(010)81055315
广告经营许可证：京东市监广登字 20170147 号

献给埃夫丽尔

感谢你四十年来的陪伴和支持

致　　谢

以下图片的复制得到了相关版权所有者的许可：

第28和260页图：Suppiya Siranan.

第38页图：Hierakonpolis expedition, leader Renée Friedman, photograph by James Rossiter.

第64页图：Dr Sergey P. Kuznetsov, Laboratory of Theoretical Nonlinear Dynamics, SB IRE RAS.

第85页图：Brad Petersen.

第99页图：from *Topology* by John G. Hocking and Gail S. Young, Addison-Wesley, 1961.

第104页图：GNU Free Documentation License, Free Software Foundation (www.gnu. org/copyleft/fdl.html).

第170页右图：Janet Chao.

第172页下图：Konrad Polthier, Free University of Berlin.

第177页图：Eric Marcotte PhD (www.sliderule.ca).

第200页图：Bruce Puckett.

目　　录

下一个抽屉……

数学家是将咖啡变成定理的机器。

——保罗·埃尔德什

在我十四岁时，我开始搜集有趣的数学谜题和故事。到现在我已坚持了五十多年，所搜集的内容也早已多到一个笔记本装不下。所以当有出版社建议我出一本数学大杂烩时，我完全不用担心内容的匮乏。所以就有了上一本书：《数学万花筒》。

该书于2008年出版，而到了年末圣诞将近时，它的销量直往上蹿。等到节礼日，它已上升到一份知名的全国性畅销书排行榜的第十六位。而到次年一月份末，它达到了最高的第六位。一本数学书竟与斯蒂芬妮·梅尔、巴拉克·奥巴马、杰米·奥利弗和保罗·麦肯纳等人的作品并驾齐驱。

当然，这完全出乎大家的意料：大家通常认为没有那么多人会对数学感兴趣。要么是我的亲戚买了很多很多本，要么就是常规的观点需要重新加以审视。所以当我收到出版社发来的电子邮件，询问是否可能出本续集时，我心想："我那一夜成名的文件柜里还塞满一众好东西，为什么不呢？"这样它们中的一些得以离开黑暗的抽屉，重见天日，结集成为你手上的这本《数学万花筒2》。

这是一本你去荒岛时可以携带上的书。像上一本书一样，你可以从任意一处开始阅读。事实上，即使把这两本书掺杂在一起，你**仍然**可以从任意一处开始阅读。大杂烩，正如我之前所说，就该五花八门。它不需要遵循什么确定的逻辑顺序。实际上，它也**不应该**惧怕缺乏逻辑。如果我打算把一个表明猴子有多大可能性随机打出莎士比亚全集的计算夹在一个讲述斯堪的纳维亚各国王通过掷骰子决定某座岛屿归属的故事与一道据称由欧几里得发明的谜题之间，那又有何不可呢？

我们现在生活在一个越来越难找到大块时间通过漫长复杂的论证或讨论来系统思考或学习的世界。诚然，这仍是获得新知的最佳方式——我并不贬低这种方法。当条件允许时，我甚至自己也会试着这样去做。但当这种学术化的方法不可行时，还存在另一种替代方法，而它只需时不时地抽出几分钟时间。显然，有很多人发现这种方式很对胃口，所以这次我又故技重施。正如一位电台书评人曾对《数学万花筒》评论的（我愿意相信他是出于好意）："我觉得它是一本理想的厕所书。"现如今，埃夫丽尔和我实际上已经**不再**留书在厕所里供客人阅读，因为我们不希望在凌晨一点钟砰砰砰敲开厕所门，把发现《战争与和平》出人意料吸引人的客人拽出来。而我们自己也希望避免在厕所乐而忘起。

但那位书评人说得没错。就像上一本书，本书属于适合在火车、飞机或海滩上看的一类书。在节礼日观看体育节目和肥皂剧的空隙，你也可以把它拿出来随便翻翻，或者选取任何你感兴趣的部分。

本书旨在给你带来欢乐，而不是要让你用功费力。它不是一次考试，其中没有国家统一课程，也没有空要填。你不需要做好充分准备。直接拿起来读就是了。

有些内容确实可以构成一个连贯的序列，所以我把它们安排到了一起，并且有时前面的内容会为后面的内容作些铺垫。所以如果你碰到一些用语未加解释的情况，那很可能是我在之前的话题中已经讨论过它们。除非我认为它们无须解释，或者我忘了。你可以迅速浏览一下前面的话题，看看有没有相关的解释。如果幸运的话，你甚至还可能找到它们。

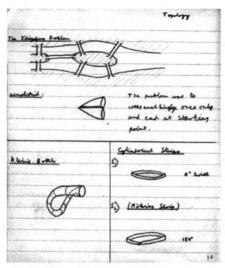

我的第一个数学笔记本中的一页

　　当我翻检文件柜的抽屉，搜寻适合本书的新内容时，我还是在心里把它们归了归类：谜题、游戏、流行语、幽默段子、常见问题、轶事、背景信息、笑话、奇闻、道听途说、悖论、民间传说、秘闻，如此等等。谜题还有许多子类别（传统谜题、逻辑谜题、几何谜题、代数谜题等），并且上述类别多有重叠。我确实曾想过为各话题标上符号，告诉你它们各属哪一类，但那样的话，符号会太多。不过，少许标记可能还是会有帮助。

　　谜题很容易与其他大部分类别区别开来，因为它们的末尾均有"详解参见第某某页"的字样。有一些谜题会比其他的稍难，但没有一个是特别难的。参考答案往往值得一读，哪怕你没有思考过问题。当然，如果你尝试过解决问题，而不论你多快就放弃了，你会对答案有更好的理解。有些谜题被放置在一个更长的故事中，但这并不意味着谜题会很难，而只是说明我喜欢讲故事。

几乎所有话题，任何还记得在学校里学的一点数学知识，并仍保留对数学的一点兴趣的人都能读懂。常见问题解释了我们在学校里学的一些东西。为什么分数的加法不能像分数的乘法那样做？无限循环小数0.9999…等于几？这些问题人们常会问起，所以这似乎是个好机会解释一下它们背后的思想。这可能不是你预期想看到的，在一个例子中甚至也不是**我**预期想写的，但要感谢一封偶然的电子邮件改变了我的想法。

然而，我们在学校里学到的数学只是一项大得多的人类活动的一小部分，而后者纵贯了人类文化的漫长历史，横跨了整个星球的广袤疆域。数学对于影响我们生活的几乎一切（移动电话、医药、气候变化等）都不可或缺，并且它现在的发展速度比过去的任何一个时期都要快。但数学的大多数影响都发生在幕后，这很容易让人意识不到它们。因此，在本书中，我用了更多一些的篇幅介绍数学那些奇怪或不常见的应用，既有在日常生活中的，也有在前沿科学中的。相应地，留给纯数学难题的篇幅则要更少一些，主要是因为我在《数学万花筒》中已经涵盖了其中几个重要的问题。

这些应用涉及从求鸵鸟蛋的表面积到求解大爆炸后不久物质多于反物质的难题，不一而足。我还收录了一些数学史话题，比如巴比伦数字、算盘和埃及分数等。数学的历史可追溯到至少五千年前，而在遥远过去作出的发现在今天仍起着重要作用，因为数学是一门建基于过去成果的学科。

有些内容要比其他的篇幅更长，它们涉及一些你可能在新闻上看到过的重要话题，比如第四维、对称性或者将球面外翻。这些内容不一定都**超出**了学校里所学数学的范围，但一般来说，它们考虑的方向完全不同。这些话题涉及的数学要比我们大多数人意识到的多得多。我还不时在参考答案中添加了一些有关技术细节的注释。这些细节是我觉得有必要加以说明的，或者容易被忽视的。另外必要时，我也给出了对《数学万花筒》的相互参照。

偶尔你可能会碰到一个看起来很复杂的公式——尽管大部分这样的公式已被我放到书后面的注释中。如果你痛恨公式，你大可**跳过这些部分**。公式放在那里是为了让你看看它们长什么样子，而不是因为你需要记住它们以通过考试。有些人确实**喜欢公式**——它们可以非常之美，尽管不可否认，发现和欣赏这种美需要训练。但我还是不希望避重就轻，忽略关键细节；我个人觉得这很令人生厌，就像有些电视节目大谈某个新发现多么激动人心，却实际上没有告诉观众任何干货。

尽管本书的内容安排很随机，但最好的阅读方式很可能还是最显而易见的方式：从头读至尾。这样，你不会最终发现读了同一个地方六遍，却忽略了某些有趣得多的东西。不过当你意识到自己打开了一个错误的"抽屉"时，你还是应该当机立断，跳到下一部分内容。

当然，这不是唯一可能的阅读方式。在我职业生涯的大部分时间里，我读数学书都是先从后往前快速浏览，直到发现一些看上去有趣的内容，然后再继续往前翻，直到找到那部分内容所用的技术用语的定义，然后才按通常的从前往后的方式阅读，一探究竟。

这种方式适合我。你可能会更喜欢传统的方式。

伊恩·斯图尔特
2009年4月于英国考文垂

ᴥᴥᴥ 计算器趣题 1 ᴥᴥᴥ

拿出计算器，计算以下算式：

$$（8×8）+13$$
$$（8×88）+13$$
$$（8×888）+13$$
$$（8×8888）+13$$
$$（8×88888）+13$$
$$（8×888888）+13$$
$$（8×8888888）+13$$
$$（8×88888888）+13$$

详解参见第254页。

ᴥᴥᴥ 上下颠倒的年份 ᴥᴥᴥ

有一些数字上下颠倒时看上去是一样的：0, 1, 8。还有两个数字，其中一个颠倒就成了另一个：6, 9。其余的几个数字，2, 3, 4, 5和7，则上下颠倒时根本不像数字。所以1691年上下颠倒后，看上去跟原来的一样。

过去的哪一年是离现在最近且上下颠倒后看上去一样的年份？

未来的哪一年是下一个上下颠倒后看上去一样的年份？

详解参见第254页。

不幸的莉拉沃蒂

莉拉沃蒂

婆什迦罗（又称婆什迦罗二世）是位伟大的古印度数学家，生于1114年。他其实是位天文学家：在古印度文化中，数学作为一种技术，主要为天文学服务。数学出现在天文学文献中，还不是一门独立的学科。婆什迦罗的著名著作之一是《莉拉沃蒂》（*Lilavati*）。关于它还有一个故事。

根据阿克巴大帝的宫廷诗人费济的记载，莉拉沃蒂是婆什迦罗的女儿。她到了适婚年龄，所以婆什迦罗专门为她占卜星卦来确定婚礼的吉日。（到了文艺复兴时期，许多数学家便以占卜星卦为营生。）婆什迦罗（显然个性有点张扬）想到了一个好主意，可以使他的预测看上去更激动人心。他在一只茶杯底部打了个孔，让它漂浮在一个水碗里，并通过巧妙设计，使得杯子在吉日到来之时正好沉下去。

不幸的是，性急的莉拉沃蒂时常俯身在碗上方，盼着杯子往下沉。结果她衣服上的一颗珍珠掉到杯子里，堵住了那个孔。所以杯子一直没有沉下去，可怜的莉拉沃蒂也始终无法结婚。

为了安慰女儿，婆什迦罗为她写了一本数学书。

谢谢你，父亲！

十六根火柴

十六根火柴拼成五个大小相同的正方形。

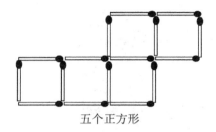

五个正方形

要求只移动**两**根火柴，使得正方形数目减为四个。所有火柴都必须用上，并且每根火柴都应该是其中一个正方形的一部分。

详解参见第254页。

被吞食的大象

大象总是穿粉红色裤子。

所有吃蜂蜜的动物都会吹风笛。

任何容易被吞食的动物都吃蜂蜜。

穿粉红色裤子的动物都不会吹风笛。

因此，大象容易被吞食。

这一推理过程是否正确？

详解参见第254页。

幻圆

下图中有三个大圆，每个大圆与其他两个大圆相交于四个小圆。将数1, 2, 3, 4, 5, 6填进小圆中，使每个大圆上的数加起来都等于14。

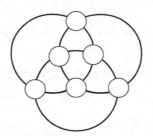

使每个大圆上的数之和等于14

详解参见第256页。

挪车棋

这是一个规则简单却相当好玩的数学游戏，甚至在一个小的棋盘上也是如此。它由制谜专家和作家科林·沃特发明。下图为4×4棋盘的一个例子。

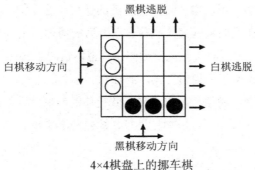

4×4棋盘上的挪车棋

　　玩家轮流将一枚棋子向前、向左或向右移动一格，如图中"黑棋移动方向"和"白棋移动方向"的箭头所示。如果一枚棋子被对手的棋子挡住或者抵达棋盘边缘，则它就不能移动了，除非它抵达的是相对另一侧的边缘，这时这枚棋子可以逃脱。玩家必须总是留给对手至少一步合法移动可走，否则算输。最先让自己的所有棋子逃脱的玩家获胜。

　　在更大的棋盘上，初始排列也与此类似，即左下角的那一格留空，最左边一列摆白棋，最底下一行摆黑棋。

　　沃特证明了，如果采用最佳策略，在3×3棋盘上，先手的玩家总是能获胜，但对于更大的棋盘，胜负还未可知。一种不错的玩法是，在普通的8×8国际象棋棋盘上用跳棋棋子玩。

　　正方形棋盘似乎是个很自然的选择，而在长方形棋盘上，拥有棋子较少的玩家不得不将棋子移动得更远，所以在长方形棋盘上游戏似乎也能玩。不过据我所知，还没有人考虑长方形棋盘的情况。

❦❦❦ 数字把戏 ❦❦❦

　　这个把戏是我从伟大的胡杜尼那里学来的。这位魔术师至今仍名不见经传，但他本事了得，本该得到更广泛的认可。这个把戏非常适合在聚会上玩，只有在场的数学家才能猜出它背后的原理。*它是专为在2009年使用而设计的，但后面我会说明如何让它也能适用于2010年，而第256页的详解进一步说明了如何将之推广到任意一年。

　　胡杜尼从观众中邀请一位志愿者，并让他的美丽女助手格鲁佩丽娜递给志愿者一个计算器。然后胡杜尼对计算器故弄玄虚，称这原本只是

　　———————————

　　*不像大家普遍认为的，数学家确实会参加聚会。

一个普通计算器，但经过他的魔力点化，现在能揭示对方隐藏的秘密。

"我会让你用计算器进行一些计算，"他告诉志愿者，"最终我的魔法计算器将透过计算结果透露你的年龄和你家的门牌号码。"接着他让志愿者进行了如下计算：

- 输入自家的门牌号码
- 使之翻倍
- 加上42
- 乘以50
- 减去自己的出生年份
- 减去50
- 加上今年迄今为止自己所过的生日的次数，也就是说，0或1
- 减去42

"现在我预测，"胡杜尼说，"结果的最后两位数字是你的年龄，其余数字则是你家的门牌号码。"

让我们用美丽的格鲁佩丽娜的信息试一下。她家的门牌号码是327。她出生在1979年12月31日，并假设胡杜尼是在2009年的圣诞节表演这个把戏的，则当时她29岁。

- 输入自家的门牌号码：327
- 使之翻倍：654
- 加上42：696
- 乘以50：34 800
- 减去自己的出生年份：32 821
- 减去50：32 771
- 加上今年迄今为止自己所过的生日的次数（0）：32 771
- 减去42：32 729

最后两位数字是29，即她的年龄。其余数字是327，正是她家的门牌号码。

这个把戏适用于任何1至99岁的人以及任何门牌号码，而不论门牌号码有多大。你也可以询问电话号码，把戏仍然有效。不过，格鲁佩丽娜的电话号码不在电话号码簿里，所以我无法以它为例。

如果你想在2010年玩这个把戏，你需要把最后一步改成"减去41"。

当然，你并不需要什么魔法计算器：一个普通的计算器就可以了。并且你也不需要了解这个把戏的原理，就可以让你的朋友们大吃一惊。但对于那些想知道背后奥秘的人，我将在第256页给出解释。

༄ 算盘的奥秘 ༄

在如今的电子计算器时代，算盘似乎已经相当过时了。我们西方人大多是把它视为儿童教具，用算珠表示不同的数。然而，算盘的功能远不止于此，它在有些地区仍被广泛使用，主要是在亚洲和非洲。要了解算盘的历史，可参见：en.wikipedia.org/wiki/Abacus

算盘的基本原理是，每一档上的算珠个数表示一位数字，而以适当方式拨动算珠就可以进行基本算术运算。熟练的珠算员利用算盘做加法可以与别人利用计算器做加法一样快，而像乘法等更为复杂的运算也完全可以用算盘完成。

古苏美尔人在公元前2500年左右已经使用了某种算盘，古巴比伦人很可能也是如此。有证据表明古埃及人也有算盘，但尚未发现其图像证据，只是发现了一些可能被用作计数器的圆盘。算盘也在波斯、古希腊和古罗马文明中被广泛使用。在很长一段时间里，最高效的算盘设计莫过于中国从14世纪起使用的那种算盘。它有两排算珠，下珠每珠当1，上珠每珠当5。利用靠梁的算珠来表示数。这种算盘很大：高约20厘米，宽则因档的数目而异。使用时，它被平放在桌面上，以防止算珠乱动。

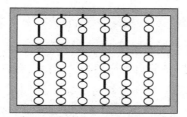

中国算盘上的数654 321

日本在1600年从中国引入算盘，并作了一些改进，使之体积更小，更易于使用。其主要差异是，算珠截面做成菱形，大小做成恰好适合手指拨弄。这种算盘使用时也是平放的。在1850年左右，上珠数目减少到一个。在1930年左右，下珠数目减少到四个。

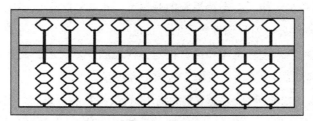

清盘后的日本算盘

使用算盘进行计算的第一步都是清盘，从而使它表示数0...0。清盘的高效做法是，将算盘立起来，使所有算珠滑下。然后把算盘平放在桌面上，用手指从左至右将上珠拨上去。

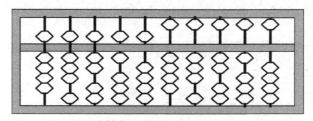

日本算盘上的数9 876 543 210

同样地，下珠每珠当1，上珠每珠当5。针对十进制，日本算盘去掉了多余的算珠，使算盘更为紧凑。

使用日本算盘时，珠算员将拇指和食指指尖轻放在梁上下的算珠上，手腕悬在最下一排算珠上方。珠算员必须学习不同"指法"并勤加练习，就像音乐家学习演奏乐器一样。这些指法是算术计算的基本组成部分，而整个计算过程本身也像弹奏一首短"曲"。在下述网站上可找到关于算盘技术的大量详细信息：

www.webhome.idirect.com/~totton/abacus/pages.htm#Sorobanl

下面我只提一下两种最简单的技术。

算盘的一个基本规则是：总是从左至右计算。这与我们在学校算术课上所教授的相反，学校里教的是以个、十、百、千位的顺序进行计算——从右至左。但我们**读**数字的方式是从左至右，比如"三百二十一"。所以以这种方式进行思考和计算也是说得通的。算珠还起到存储器的作用，这样你就不会混淆"进位"应该进在哪里。

例如，572加142，可按下图的指示执行。（从右边算起，我将这些档分别称为个位档、十位档、百位档。千位档这时不起任何作用，但如果我们计算572加842，它就有用了，因为5+8=13，需要在千位档"进一"。）

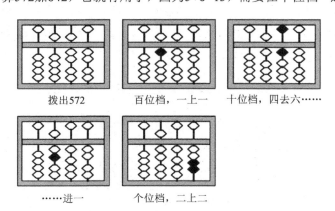

拨出572　　　　百位档，一上一　　　　十位档，四去六……

……进一　　　　个位档，二上二

另一种基础技术出现在减法中。我就不再画出算珠的运动了，但其原理是这样的。为了计算572减142，需将142中的每位数字x改成其补数$10-x$。因此，142变为968。现在再将968加到572上，方法同前。这样算得1540，可572减142实际上是430啊。别着急，我还没提到在每一步中，都要在左档上减1。因此，原来的1消失了，5变成了4，4变成了3。0需要保持不动。

为什么可以这样计算？我们又为什么要保持个位档不动呢？

详解参见第257页。

❧ 红胡子的宝藏 ❧

在绳端环礁的波澜不起的潟湖边，轳辘群岛最凶猛的海盗红胡子船长正一脸茫然地盯着自己之前在这片沙滩上所画的一幅图。几年前他在岛上埋藏了八件财宝，现在他想找回宝藏，却忘记埋在哪里了。幸运的是，他当初设置了一个巧妙的提示。而不幸的是，它有点**太**巧妙了。

他转头试图对自己一众闹哄哄的暴徒船员训话。

"别闹了，你们这些臭老鼠！喂，蠢货，放下那破木桶听我说！"

船员们慢慢安静下来。

"你们还记得'西班牙王子号'的事吗？就在我把俘虏们喂鲨鱼之前，他们中的一个把他们藏战利品的地方告诉了咱们。咱们把它们都挖了出来，然后重新埋到了某个安全的地方。"

船员们又是一阵七嘴八舌，大多数都点头称是。

"宝藏就埋在那边头骨状岩石的正北面。我们需要知道的只是在它北面**多远**。我还记得准确步数是以如下方式拼出单词TREASURE的方式的数目，即把手指放在这个图最上面的T上，然后一次向下移动一行、往左或往右移动一步找到下一个字母。第一个告诉我这个数的人，我会奖励他十个金币。你们说呢，伙计们？"

<pre>
            T
          R   R
        E   E
      A   A   A   A
    S   S   S   S
  U   U   U   U   U
R   R   R   R   R   R
E   E   E   E   E   E   E
</pre>

从岩石到宝藏有多少步？

详解参见第257页。

变脸六边形

变脸多边形（flexagon）是一些迷人的数学玩具，最早由杰出数学家阿瑟·斯通在读研期间发明。下面我将展示其中最简单的一个，你可以在我给出的网页上找到其他更多。

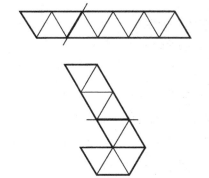

剪出一条包含十个等边三角形的纸条，并沿粗线把右端往后对折……

……得到这个。现在沿粗线将末端往后对折，并压在另一端之上……

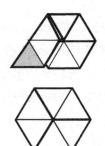

……得到这个。最后把灰色部分往后对折并粘到相邻的三角形上……

……得到一个变脸六边形

做出这种奇特的形状后，你就可以让它变脸。如果沿上面最后一个图所示的粗线将相邻两个三角形捏在一起，中央会出现一个豁口，而你可以打开这个豁口，向外翻转——把六边形的"里面"翻到"外面"。这样便会出现一组不同的三角形。然后可以再次对它进行翻转，恢复原貌。

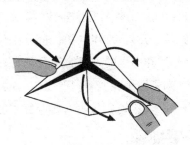

如何翻转变脸六边形

你亲自试着去做一下要比看描述更容易理解。如果把原来的六边形的正面涂成红色，背面涂成蓝色，则第一次翻转会给出另一组尚未着色的三角形。将这些三角形涂成黄色。现在，每次翻转会使得正面的颜色变到背面，背面的颜色消失，而正面出现一种新的颜色。因此，颜色的循环有点像这样：

❑ 正面红色，背面蓝色；

❑ 正面黄色，背面红色；

❑ 正面蓝色，背面黄色。

还有更复杂的变脸多边形，它们有更多隐藏的面，需要更多的颜色。有的则使用正方形而非三角形。斯通与另外三名研究生（理查德·费曼、布伦特·塔克曼和约翰·图基）一道成立了一个"变脸多边形委员会"。1940年，费曼和图基提出了一套完备的数学理论，刻画所有变脸多边形。进入变脸多边形世界的一个很好入门是：

en.wikipedia.org/wiki/Flexagon

等号是谁发明的？

大部分数学符号的起源都失落在时间的长河中，但我们确实知道等号（＝）是从何而来的。威尔士外科医生兼数学家罗伯特·雷科德在1557年写了一本书，题为《励智石，算术的第二部分：包括求方根、使用方程的代数运算，以及开方开不尽的方根的相关研究》。

他在书中写道："为了避免反复说'等于'，我将像往常一样，用一对等长的平行线========来表示，因为没有哪两样东西能比这更相等了。"

罗伯特·雷科德和他的等号

☙ 星剪旗 ❧

贝齐·罗斯（生于1752年）一般被认为缝制了第一面美国国旗，用十三颗星代表创国的十三个殖民地。（在如今的星条旗上，它们则用十三道红白相间的宽条表示。）历史学家仍在争论这个故事的真实性，因为它主要是基于口耳相传。我不想卷入这场争论，具体可参见：

www.ushistory.org/betsy/

这桩历史公案中的一个重要事实是，美国国旗上的星星是五角星。显然，乔治·华盛顿的最初设计使用了六角星，而贝齐更喜欢五角星。国旗委员会表示五角星太难制作。于是贝齐拿起一张纸，三折两折，然后用剪刀只剪一刀，就得到了一个完美的五角星。委员会立刻被说服了。

她是如何做到的呢？能用类似的方法剪出一个六角星吗？

将这张纸折叠起来剪一下……   ……得到这个形状

详解参见第258页。

☙ 巴比伦计数法 ❧

古代文明的计数方法多种多样。例如，古罗马人使用罗马数字：I代表1，V代表5，X代表10，C代表100，如此等等。在这类系统中，要表示的数越大，需要的字母越多。这时做算术就可能会很麻烦：试试用纸笔计算MCCXIV乘以CCCIX。

我们熟悉的十进位制就更为灵活，也更适于计算。它不需要为更大的数发明新的符号，而是使用一套固定的符号（在西方文化中也就是0, 1, 2, 3, 4, 5, 6, 7, 8, 9），并通过将同样的符号摆放在不同的位置来表示更大的数。例如，525意味着

$$5×100+2×10+5×1$$

在这里，右端的符号5代表"五"，而左端的同样符号代表"五百"。像这样的位值计数法需要一个代表零的符号，否则它就无法区分像12, 102和1020这样的数。

我们现在用的计数系统以10为基数，称为**十进制**，因为数字每向左移动一位，它的值就乘以10。我们采用十进制，这并不是出于什么数学上的理由：七进制或四十二进制在数学上同样可行。事实上，任何大于1的整数都可以充当基数，只不过使用大于10的基数时需要更多符号来表示额外的数字。

中美洲的玛雅文明（可追溯至公元前2000年，鼎盛期在3世纪至9世纪）便以20为基数。所以在他们看来，符号5-2-14意味着

$$5×20^2+2×20+14×1$$

这个数在我们的计数系统中则是2054。玛雅人用一个圆点代表1，用一道横线代表5，而将圆点和横线组合起来可得到1–19的所有数字。从公元前36年起，他们开始用一个古怪的椭圆形状代表0。他们将这些符号自上而下依次排列，表示二十进制中的各位数字。

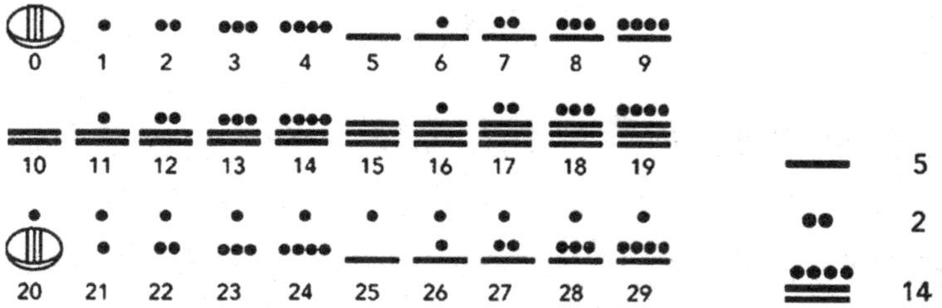

左图：玛雅数字（0–29）；右图：$5×20^2+2×20+14$的玛雅计数表示

　　一种常见的解释认为，玛雅人之所以采用二十进制，是因为他们计数时，不仅使用手指，还使用脚趾。但我在写作这篇文字时想到了另一种替代解释。也许他们计数时使用的是手指和大拇指，其中大拇指代表5。每个圆点是一根手指，每道横线是一个大拇指，这样用两只手就可以实现。诚然，我们没有三个大拇指，但用手还是容易解决这个问题，而对于符号来说，这更不成问题。至于代表零的椭圆形状：你不觉得它看上去有点像一个紧握的拳头吗？也就是说，没有手指，也没有大拇指。

　　这是个大胆的猜测，但我自己是挺欣赏的。

　　而在更早之前的约公元前3100年，巴比伦人要更为雄心勃勃，他们以60为基数。"巴比伦"在现代人眼中几乎已经成为一片传说中的土地，是巴别塔、尼布甲尼撒烈火窑中的沙德拉等圣经故事，以及空中花园等浪漫传说的发生地。但巴比伦曾是一个真实存在的地方，在现今的伊拉克依然存留着许多考古遗迹。"巴比伦人"也常被用来统指先后在两河流域生活过的多个不同民族，他们在文化上有诸多相似之处。

　　我们之所以对巴比伦人知之甚多，是因为他们的文字书之泥板，并且留下了超过一百万片这样的泥板（常常是因为被焚毁建筑的大火烤硬而得以保存）。巴比伦书吏使用削尖的木棒在软泥板上按压出三角形符号，我们现在称之为楔形文字。幸存下来的泥板内容丰富，从家庭账目到天文数表，不一而足，其中有些更可追溯至公元前3000年或更早。

　　巴比伦数字出现在约公元前3000年，用了两个不同的符号表示1和10——两相结合，可表示1–59的所有整数。

　　在以60为基数的计数系统（六十进制）中，这59组符号组合便是59个数字。为了节省篇幅，我将像考古学家那样把巴比伦数写成：

$$5,38,4=5\times60^2+38\times60+4=20\ 284（十进制）$$

1		11		21		31		41		51
2		12		22		32		42		52
3		13		23		33		43		53
4		14		24		34		44		54
5		15		25		35		45		55
6		16		26		36		46		56
7		17		27		37		47		57
8		18		28		38		48		58
9		19		29		39		49		59
10		20		30		40		50		

巴比伦数字（1–59）

巴比伦人没有相当于我们的零的符号（这要到后期才会出现），所以他们的计数系统具有一定程度的含混性，而这通常需要借助语境来澄清。为了表示更高的精度，他们也使用一个相当于我们的小数点的符号，以表明其右边的数字是1/60, 1/60×1/60=1/3600等的整数倍。考古学家用分号（;）表示该符号。例如，

$$12, 59; 57, 17 = 12 \times 60 + 59 + \frac{57}{60} + \frac{17}{3600} = 779.955 \text{（十进制近似值）}$$

人们发现了约2000片天文学方面的泥板，大部分是常规的数表、日月食预测等。其中有约300片的内容则更为雄心勃勃，涉及对水星、火星、木星和土星等的运行轨迹的观测。巴比伦人是出色的观星者，他们给出的火星的轨道周期是12,59;57,17天——如我们之前所见，这大致相当于779.955天。对此的现代数据是779.936天。

六十进制的痕迹在我们现在的文化中仍可见到。我们将一小时分成60分，一分分成60秒。而在角度中，我们将一度分成60分，一分分成60秒——字虽一样，但语境不同。我们将一个周角分成360度，而360=6×60。在天文学语境中，巴比伦人常常把通常本该乘以60×60的数解释为乘以6×60。360这个数可能是对一年的天数取一个近似，不过巴比伦人知道更

好的近似值是365多一点，并且他们也知道那"一点"大概是多少。

没有人真正知道为什么巴比伦人要以60为基数。标准的解释是，60是能被1, 2, 3, 4, 5和6整除的最小的数。替代的解释层出不穷，但大都缺乏过硬的证据。我们确实知道六十进制起源于苏美尔人（他们在巴比伦人之前在两河流域创造了发达的文明），但这一点并没能提供太大帮助。想了解更多信息，可参见：

www-history.mcs.st-and.ac.uk/HistTopics/Babylonian_numerals.html

幻六边

你很可能听说过幻方——在一个方形网格中，横向、纵向及对角线上的数之和都相同。幻六边与此类似，只是现在的网格是由六边形构成的蜂房，并且自然而然，求和的三个方向互成120度角。在《数学万花筒（修订版）》（第261页）中，我告诉过你，如果不算对称和反射，那只有两种可能的幻六边：一种是尺寸为1的平凡幻六边，另一种是尺寸为3的非平凡幻六边。

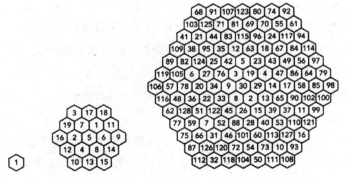

唯一可能的尺寸为1和3的正常幻六边以及尺寸为7的非正常幻六边

对于"正常"幻六边（它们使用从1, 2, 3, …开始的连续整数），情况的确如此。但事实证明，如果允许"非正常"幻六边（这时使用的整数仍是连续的，只是起始数更大，比如从3, 4, 5, …开始），则存在更多的可能性。已知最大的非正常幻六边由扎哈拉·阿尔森在2006年发现。它的尺寸为7，使用的整数为2–128，幻方常数（横向或斜向上的数之和）为635。阿尔森还发现了尺寸为4和5的非正常魔六边形。参见：

en.wikipedia.org/wiki/Magic_hexagon

科拉茨–叙拉古–乌拉姆问题

简单的问题不一定容易回答。下面就有一个著名的例子。你可以用纸笔或计算器来做它，但它的一般化甚至难倒了世界上最伟大的数学家。他们相信自己已经知道答案，但苦于无法证明。问题是这样的。

想一个数，然后反复应用下述规则：

- 若这个数是偶数，则将它除以2；
- 若这个数是奇数，则将它乘以3再加上1。

最后会发生什么？

比如，我想的是11。它是奇数，所以下一个数是3×11+1=34。它是偶数，所以我将它除以2，得到17。它是奇数，所以继而得到52。接下来的数依次为26, 13, 40, 20, 10, 5, 16, 8, 4, 2, 1。此后，我们会得到一个4, 2, 1, 4, 2, 1的无限循环。因此，通常我们会增加第三条规则：

- 若得到1，则终止。

1937年，洛塔尔·科拉茨问了这样一个问题：是否这个过程总能得到1，而无论从什么数开始。七十多年过去了，我们仍然不知道答案。这个问题还有其他几个名称，比如叙拉古问题、$3n+1$问题及乌拉姆问题等。它也常被作为一个猜想提出，认为答案是肯定的——这也是大多数学家预期的。

数1–20的最终命运以及这期间得到的其他数

使科拉茨–叙拉古–乌拉姆问题或猜想难以证明的一个因素是，在这个过程中数并不总是变得越来越小。从15开始的数链在最终不断变小之前一度变大到160。而不算太大的27更有**爆炸式**增长：

$$27 \to 82 \to 41 \to 124 \to 62 \to 31 \to 94 \to 47 \to 142 \to 71 \to 214 \to 107 \to$$
$$322 \to 161 \to 484 \to 242 \to 121 \to 364 \to 182 \to 91 \to 274 \to 137 \to 412 \to$$
$$206 \to 103 \to 310 \to 155 \to 466 \to 233 \to 700 \to 350 \to 175 \to 526 \to 263 \to$$
$$790 \to 395 \to 1186 \to 593 \to 1780 \to 890 \to 445 \to 1336 \to 668 \to 334 \to$$
$$167 \to 502 \to 251 \to 754 \to 377 \to 1132 \to 566 \to 283 \to 850 \to 425 \to$$
$$1276 \to 638 \to 319 \to 958 \to 479 \to 1438 \to 719 \to 2158 \to 1079 \to 3238 \to$$
$$1619 \to 4858 \to 2429 \to 7288 \to 3644 \to 1822 \to 911 \to 2734 \to 1367 \to$$
$$4102 \to 2051 \to 6154 \to 3077 \to 9232 \to 4616 \to 2308 \to 1154 \to 577 \to$$
$$1732 \to 866 \to 433 \to 1300 \to 650 \to 325 \to 976 \to 488 \to 244 \to 122 \to$$
$$61 \to 184 \to 92 \to 46 \to 23 \to 70 \to 35 \to 106 \to 53 \to 160 \to 80 \to 40 \to 20 \to$$
$$10 \to 5 \to 16 \to 8 \to 4 \to 2 \to 1$$

它用了111步才得到1。但它终究是得到了1。

这类事情的存在让我们不禁好奇，是否可能有某个特定的数，使得这个过程更为爆炸式，乃至直奔无穷大。当然，在这个过程中数会起起伏伏。奇数的下一个数会变大，但变大不会相继出现两次：当n是奇数时，

$3n+1$是偶数，所以下一步就得将它除以2。但这个结果仍然大于n；事实上，它是$\frac{1}{2}(3n+1)$。但如果该结果也是偶数，则我们将得到某个小于n的数，即$\frac{1}{4}(3n+1)$。所以实际情况会相当复杂。

即便没有什么数会直奔无穷大，那也存在另一种可能性，即有些数可能会陷入其他循环，而非$4 \to 2 \to 1$的循环。人们已经证明，任何这样的循环必定包含至少35 400项。

对于1亿以内的数，需要步数最多的数是63 728 127，它需要949步。

计算机计算表明，直到至少$19 \times 2^{58} \approx 5.48 \times 10^{18}$的每个数最终都会得到1。这个范围惊人之大，其计算过程需要借助很多理论——已经无法逐个数去验证了。但斯奎斯数（参见第43页）的例子表明，10^{18}其实还不算非常大，所以这样的计算机证据并没有它可能看上去的那么有说服力。根据我们目前对这个问题的所有了解，如果确实存在一个不会得到1的例外，那么这个数绝对会非常非常大。

概率计算表明，存在某个直奔无穷大的数的概率为零。然而，这些计算并不严谨，因为整个过程中出现的数不是真正随机的。例外情况仍有可能出现，并且即使这样的论证是严谨的，它也没有排除陷入其他循环的可能性。

如果将这个过程扩展到允许从零或负整数开始，则会出现另外四个循环。它们都涉及大于−20的数，所以你可能想试着自己去找出它们（详解参见第259页）。相应地，猜想变成了：只有可能出现这五个循环。

这个问题还可以与混沌动力学和分形几何联系起来，得到一些漂亮的想法和图案，但终究无法解决问题。关于这个问题的更多资料，参见：

en.wikipedia.org/wiki/Collatz_conjecture

mathworld.wolfram.com/CollatzProblem.html

www.numbertheory.org/ntw/N4.html#3x+1

⌾∕ **珠宝匠的困境** ⟩∕⌾

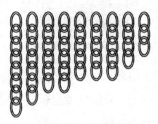

九段不同长度的链条

拉特尔珠宝店的珠宝匠已经答应过琼斯太太，他们会将她的九段金链条拼接成一条首尾相接的项链。切开一个链环的成本是1英镑，把它焊接回去的成本是2英镑——总共3英镑每环。如果他们切开每段链条末端的一环，一次接一段，总成本将是27英镑。然而，他们也已经答应过，做这个活儿的费用不会超过买一条新项链的价格，即26英镑。请找出一种拼接这九段链条的更好办法，使得拉特尔珠宝店不会赔钱，以及更重要地，使得琼斯太太所需支付的费用尽可能少。

详解参见第259页。

⌾∕ **谢默斯所不知道的** ⟩∕⌾

我们的第一只宠物猫（名为谢默斯·安卓）可能是世界上为数不多的不总是用脚着地的猫之一。它似乎不知道用脚着地才是正理。它下楼时会背朝下，一次一个台阶滑下来。有一次，埃夫丽尔试图训练它用脚着地，就把它背朝下高举在一个厚垫子上方，然后放开手。它很喜欢这个游戏，但并没有要在空中转身的意思。

糟糕！现在我该怎么办？

这当中还有一个数学问题。有一个与运动物体关联的物理量称为角动量。粗略地讲，它等于质量乘以绕轴旋转的速度。根据牛顿运动定律，任何运动物体的角动量是守恒的，也就是说，不会改变。那么一只坠落的猫如何才能在不触碰任何东西的情况下在空中转身呢？

详解参见第259页。

为什么吐司落地时总是抹料的一面着地

猫并不是唯一会坠落的东西，吐司也会。并且老话说，它落地时总是抹了配料的一面朝下。在分析过坠落的吐司的动力学后，罗伯特·马修斯注意到，它确实具有抹料（不论是黄油，还是果酱）的一面朝下，从而弄脏地毯、弄坏吐司的内在倾向性。这也验证了墨菲定律：凡是可能出错的事情总是会出错。

马修斯通过一些基础的力学分析解释为什么吐司落地时总是抹料的一面着地。原来，桌子的高度正好让吐司在落地前转了半圈。这可能并非偶然，因为桌子的高度与人的身高有关，而要是我们的身高高很多，在我们不小心被绊倒时，重力就会把我们的头颅摔得四分五裂。因此，通过吐司落地的轨迹，马修斯将宇宙的一个基础常数与智能生物体的形态联系了起来。在我看来，这很可能是"微调宇宙"最具说服力的例子了。

⌘ 抹料的猫悖论 ⌘

要是我们把前面两条民间智慧放到一起：

❑ 猫总是用脚着地。

❑ 吐司落地时总是抹料的一面着地。

那么会发生什么？于是便有了抹料的猫悖论：给定这两个命题，则一只背上牢牢粘着一片抹了配料的吐司（当然，抹料的一面朝外）的猫从一定高度落下时，会发生什么？[*]

有人打趣说，这会产生某种反重力效应，使得猫在接近地面时，一边疯狂地扭转身子，一边悬浮在空中。

然而，除去它本身的一些逻辑漏洞，这种说法也忽视了基本的力学。正如我们刚刚看到的，关于坠落的猫和坠落的吐司的民间智慧各有科学支持。那么同样的数学原理对于抹料的猫又有何解释？

这取决于吐司相对于猫有多重。如果只是普通的面包片，猫能轻松应付吐司增加的少许角动量，所以仍会用脚着地。而吐司根本不会着地。

但如果吐司是用某种密度异常大的面包制成的，[†]使得它的质量比猫的质量大得多，则这时适用马修斯的分析，吐司抹料的一面会着地，而猫在上面四脚朝天，爪子乱舞。

那么处在这两者之间的质量呢？最简单的可能是，存在一个猫–吐司质量临界比$[C{:}T]_{crit}$：低于这个值，吐司占上风；高于这个值，猫占上风。但即便发现在一些质量比区间内，猫会侧身着地或表现出更复杂的行为，我也丝毫不会感到意外。毕竟每个猫奴都知道，不能排除混沌的可能性。

---

[*] 在实际操作中，给猫戴上伊丽莎白圈（兽医用它来防止宠物舔舐伤口）很可能是个好主意；不然的话，猫会很快吃掉黄油或果酱，把实验搞砸。

[†] 比如《碟形世界》系列中的矮人面包。

❧ 林肯的狗 ❧

亚伯拉罕·林肯曾问道："如果将狗的尾巴称作一条腿，那么一只狗有几条腿？"

你怎么看？

讨论参见第261页。

❧ 胡杜尼的骰子 ❧

伟大的胡杜尼被自己美丽的女助手格鲁佩丽娜蒙上了眼罩。然后一名观众被邀请掷出三枚骰子。

"将第一枚骰子上的数乘以2再加5，"胡杜尼说，"然后将结果乘以5，加上第二枚骰子上的数。最后将结果乘以10，并加上第三枚骰子上的数。"

与此同时，格鲁佩丽娜用粉笔将最后的和写在一块面朝观众的黑板上。这样即使蒙眼睛的眼罩是透明的，胡杜尼也看不到。

"得到多少？"胡杜尼问。

"七百六十三。"格鲁佩丽娜说。

胡杜尼在空中做了一些神秘的手势，然后说："那么骰子分别是……"

多少？而他又是如何猜出来的？

详解参见第262页。

❧ 可形变多面体 ❧

多面体是各个面都是多边形的三维图形。人们很早就知道，凸多面体（没有凹进的多面体）是刚性的：不改变面的形状的话，它无法发生形变。这是由奥古斯丁-路易·柯西在1813年证明的。长久以来，人们无法确定非凸多面体是否也必定是刚性的，但在1977年，罗伯特·康奈利发现了一个有18个面的可形变多面体。他的构造被不同的数学家逐步简化，克劳斯·斯特芬最后把它改进成了一个有14个三角形面的可形变多面体。这是由三角形面构成的可形变多面体的最小可能面数。参见：

demonstrations.wolfram.com/SteffensFlexiblePolyhedron/

uk.youtube.com/watch?v=OH2kg8zjcqk

你也可以自己做一个这样的可形变多面体：用纸板剪出下图所示的图案，沿线折叠，将标有相同字母的边粘在一起（可以在边上加"舌头"，或使用胶带）。深色的线表示折痕凸起，灰色的线表示折痕凹下。

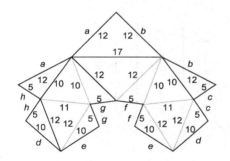

剪下并折叠：深色的线凸起，灰色的线凹下

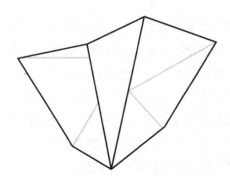

根据标记将边粘合在一起，得到斯特芬的可形变多面体

但六角手风琴呢？

　　且慢，不是有一种显而易见的构造可形变多面体的方法吗？比如铁匠用来鼓风的风箱，或者由风箱驱动发音的六角手风琴？风箱的皮囊可以推拉变形啊。确实，如果你把风箱的两端换成两个平面，那它是个多面体。并且显然它是可形变的。那么这里的关键在哪里？

　　尽管六角手风琴是多面体，也是可形变的，但它不是可形变多面体。回想一下，可形变多面体的面的形状是不允许改变的。它们开始时是平的，所以必须始终保持是平的；也就是说，它们不能**弯曲**。一点也不行。但当你演奏六角手风琴时，随着皮囊被拉开，面会发生非常轻微的弯曲。

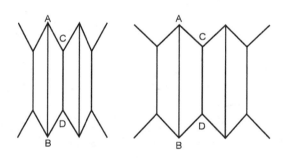

六角手风琴的两个状态

　　设想六角手风琴先如上面左图那样部分闭合，然后被拉开成右图的样子。并且我们是从侧面观察它。如果面没有发生弯曲或其他畸变，线段AB不会改变长度。现在，边AC和BD实际上是在**远离**我们，并且我们是从侧面观察它们，但尽管如此，由于这些长度在三维空间上不会发生改变，所以右图中点C与D的距离要比左图中的更大一些。但这与长度不变相矛盾。因此，面必须改变形状。在实践中，将各个面接在一起的材料是可以稍微延展的，这也正是六角手风琴能够工作的原因。

风箱猜想

每当数学家有了一个新发现，他们就会想试试运气，尝试进一步提出问题。所以当可形变多面体被发现后，数学家很快就意识到，六角手风琴不符合这一数学定义还可能有别的原因。因此，他们做了一些实验：在一个用纸板做成的可形变多面体上开一个小孔，将烟吹入，然后让这个多面体发生形变，看是否有烟被挤出来。

没有。而如果你在六角手风琴或风箱上做这个实验，你会看到有烟被挤出。

然后他们进行了一些严谨的计算来确认实验结果，使之变成真正的数学。这些计算表明，当我们已知的可形变多面体发生形变时，其体积不会发生改变。丹尼斯·沙利文猜想，这对所有的可形变多面体都成立。而在1997年，罗伯特·康奈利、伊扎德·萨比托夫和安克·瓦尔茨证明了他是对的。

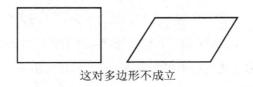

这对多边形不成立

在简要介绍他们的工作之前，让我先给出一些铺垫。二维中的相应猜想是**错误**的。如果你把一个长方形挤压成一个平行四边形，面积变小了。因此，必定是三维空间的某种特征使得一个数学上的风箱是不可能的。康奈利的团队怀疑，这可能与亚历山大的希罗给出的三角形面积公式（参见第262页）有关。*这个公式涉及一个平方根，但它可被重新整

---

* 许多历史学家认为阿基米德更早发现了这个公式。

理成一个将三角形的面积与三个边长关联起来的多项式方程。也就是说，方程中的各项是变量的幂乘以常数。

萨比托夫想知道，是否可能存在一个适用于**任意多面体**的类似方程，将其体积与各个边长关联起来。这看似不大可能：如果存在的话，古往今来的那么多大数学家怎么会都没有发现？

尽管如此，假设这个不大可能的公式**确实**存在，则风箱猜想显而易见成立。多面体的边长不会随着它的形变而改变，所以公式保持不变。现在，一个多项式方程可能有多个解，但体积显然是随着多面体的形变而连续变化的。从方程的一个解变成另一个不同的解的唯一方式是跳跃式进行，而这并不连续。因此，体积不会改变。

一切都很顺利，只是这样一个公式存在吗？在一种情况下它确实存在，即四面体体积相对于边长的经典公式。又由于任意多面体都可由四面体构成，所以多面体的体积也就是构成它的各四面体的体积之和。

然而，这还不够好。由此得到的公式涉及所有四面体的所有边，其中许多现在成了从多面体的一个角到另一个角的"对角"线。这些边不是多面体的边，并且很明显，它们的长度可能随着多面体的形变而改变。因此，必须想办法把这些不想要的边从公式中剔除出去。

通过艰苦卓绝的计算，人们发现，对于由八个三角形面构成的八面体，确实存在一个这样的公式。它涉及体积的16次方，而不是平方。等到1996年，萨比托夫找到了一个适用于任意多面体的方法，但它非常复杂，这或许解释了为什么过往的大数学家没有发现它。然而在1997年，康奈利、萨比托夫和瓦尔茨找到了一个简单得多的方法，于是风箱猜想变成了一个定理。

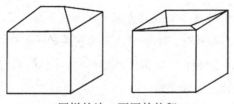

同样的边，不同的体积

最后我需要提醒一点，存在这样的公式并不意味着多面体的体积是由其边长唯一确定的。如果把尖顶房屋的屋顶倒过来放置，房屋的体积会变小。它们是同一个多项式方程的两个**不同**的解，不过这并不会影响到风箱猜想的证明——如果不把什么东西弄弯曲，你无法使屋顶从正放变形为倒放。

数字立方

数153等于组成它的各个数字的立方和：

$$1^3+5^3+3^3=1+125+27=153$$

除了像001这样以0开头的数，还有三个具有这种特点的三位数。你能找出它们吗？

详解参见第263页。

对数学家吸引力不大

在他1940年的名著《一个数学家的辩白》中，英国数学家戈弗雷·哈罗德·哈代曾这样评价数字立方谜题：

它是一个奇怪的事实，非常适合谜题专栏，可以娱乐业余

爱好者，但它对数学家吸引力不大……一个原因是……其描述
和证明都极为特殊化，无法作出任何重要的一般化。

而在他1962年的著作《未来的轮廓》中，阿瑟·C. 克拉克给出了关
于预测的三大定律。定律一是：

当一位卓越但已老迈的科学家声称某件事情是可能的时，

几乎可以肯定他是正确的；而当他声称某件事情是不可能的时，

则很有可能他是错误的。

这称为克拉克第一定律，或更简单地，克拉克定律。我们有理由说，
这也适用于哈代的评价。哈代试图给出的论点老实说是好的，但你几
乎可以打包票，每当有人试着以某个具体例子来阐明这样一个论点时，
事实都将证明他选了个糟糕的例子。2007年，三位数学家（阿尔夫·范
德波尔滕、库尔特·汤姆森和马克·维贝）便不为哈代的断言所动。以
下就是他们的发现。

这一切始于数论研究者亨德里克·伦斯特拉的一个"敏锐观察"：

$$12^2+33^2=1233$$

尽管这里讲的是平方而非立方，但它也表明，这类问题可能不像表面看
上去的那么简单。假设a和b分别是一个两位数，并且有

$$a^2+b^2=100a+b$$

其中等式右边是将a和b拼在一起得到的数，则通过一些代数运算可得

$$(100-2a)^2+(2b-1)^2=10\ 001$$

因此，我们可以通过将10 001拆分成两个平方的和来求得a和b。一种简
单的拆分方式是：

$$10\ 001=100^2+1^2$$

但100是三位数，而不是两位数。但还有一种不那么显而易见的拆分：

$$10\ 001=76^2+65^2$$

所以100−2a=76且2b−1=65。因此，a=12, b=33，得到伦斯特拉的观察。

这里还隐含了另一个解，因为我们也可以令$2a-100=76$。这时$a=88$，于是我们发现

$$88^2+33^2=8833$$

类似的例子可以通过将像1 000 001或100 000 001这样的数拆分成平方和得到。而基于这些数的质因子，数论研究者知道了一种求解的一般方法。经过大量技术处理（我不会在此展开），我们可得到诸如：

$$588^2+2353^2=5\ 882\ 353$$

好是好，但立方数呢？大多数数学家很可能会猜测153是一个特例。然而，事实证明，

$$16^3+50^3+33^3=165\ 033$$
$$166^3+500^3+333^3=166\ 500\ 333$$
$$1666^3+5000^3+3333^3=166\ 650\ 003\ 333$$

并且利用一点代数知识便可证明这个模式会无限延续下去。

当然，这些事实有赖于我们的十进制系统，但这也引出了进一步的问题：以其他数为基数时会发生什么？

哈代当时试图阐明一个关于什么算是有趣的数学的论点（观点本身没问题），并随手以数字立方谜题为例证。要是他当时再多费些思量，他就会意识到，尽管那个具体谜题是特殊且平凡的，但它可能会引出一类更一般化的谜题，而对后者的求解可能会涉及严肃且有趣的数学。

鸵鸟蛋的表面积是多少？

你也许会问，谁会在乎鸵鸟蛋的表面积是多少呢？回答是：考古学家。更确切地说，由勒妮·弗里德曼带领的考古队，他们正在调查古埃及遗址尼肯（以其希腊名"希拉孔波利斯"更为人所知）。

希拉孔波利斯是古埃及前王朝时期（距今约5000年）的一处中心城市，也是鹰头神荷鲁斯的主要崇拜中心。人们最早在这里定居的时间很可能还要往前追溯几千年。长久以来，这个地方一直被视为一片荒芜的沙漠，但最近的考古发现表明，在沙漠之下其实埋藏着一处古城遗迹、已知最早的埃及神庙、一家酿酒坊、一处被附近的窑火点燃烧毁的制陶工的房子，以及古埃及唯一一座已知的大象墓。

我和我妻子曾在2009年以"尼肯之友"的名义去过这个非凡的遗址。并且我们在那里见到了从HK6区域出土的破碎的鸵鸟蛋壳。完整的鸵鸟蛋当初曾被作为奠基物品，安置在新建筑的地基里。千百年之后，这些鸵鸟蛋早已支离破碎，所以首先一个问题是"里面有多少个蛋"。拼凑蛋壳的计划（被称为"矮胖子项目"）事实证明太耗时了。所以考古学家退而求其次，希望通过将蛋壳碎片的总面积除以一个普通鸵鸟蛋的表面积来得到一个估算。

来自希拉孔波利斯的典型鸵鸟蛋碎片

这里就轮到数学派上用场了。鸵鸟蛋的表面积是多少？或者推而广之，蛋的表面积是多少？我们的教科书给出过球体、圆柱体、圆锥体以及其他很多几何体的表面积公式，但没有蛋的表面积公式。这并不意外，毕竟蛋的形状多种多样。不过，典型的鸡蛋形状与鸵鸟蛋形状差不多，并且它也是蛋最常见的形状之一。

　　对此，蛋的一个特征会有所帮助，那就是（大体上看——这个短语你应该加到我下面所做的每个命题之中）它们是回旋曲面。也就是说，它们可以通过让某一特定曲线绕一条轴旋转而生成。这里的特定曲线是沿着蛋的长轴切开的"卵形"截面。数学上最知名的卵形当属椭圆——在一个方向上被均匀拉伸的圆。但蛋并不是椭圆，因为它的一头比另一头更加圆滑。数学上还有其他更花哨的蛋形曲线，比如笛卡儿卵形线，但它们似乎也帮不上什么忙。

　　如果让椭圆绕其轴旋转，你会得到一个回旋椭球。更一般化的椭球本质上是在三个互相垂直的方向上被拉伸或挤压的球体。负责此项研究的阿瑟·缪尔意识到，蛋的形状很像将两个半椭球拼在一起。如果能求出椭球的表面积，你就可以将它除以2，然后再将两部分的表面积加起来。

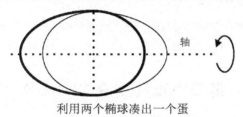

利用两个椭球凑出一个蛋

　　椭球有一个表面积公式，但它要用到一个不易理解的量，称为椭圆函数。幸运的是，由于其产卵器官为管状，鸵鸟产下的蛋大多是回旋曲面，这给考古学家和数学家解了围。回旋椭球的表面积公式相对简单：

$$A = 2\pi \left(c^2 + ac \frac{\arcsin e}{e} \right)$$

其中

　　A=表面积

　　a=长轴的一半

　　c=短轴的一半

　　e=偏心率，等于 $\sqrt{1 - c^2 / a^2}$

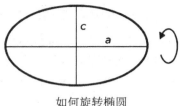

如何旋转椭圆

根据这些知识，并利用对现代鸵鸟蛋和保存完好的古代鸵鸟蛋的测量数据，研究者算得一个蛋的平均表面积为570平方厘米。这看上去相当大，但针对一个现代鸵鸟蛋的试验证实了这一数据。最后算得在7号建筑物的地基里至少有六个蛋，这是所有前王朝堆积中鸵鸟蛋最密集的地方。

你看，你永远不知道数学何时会派上用场。

更多考古细节，可参见：

www.archaeology.org/interactive/hierakonpolis/field07/6.html

将 ORDER 变成 CHAOS

一旦你开始问出更一般化的问题，许多谜题（实际上是大部分谜题）便会引出更严肃的数学思想。有这样一类文字谜题，需要将一个单词变成另一个不同的单词，要求每一步只改变一个字母，并且每一步得到的单词都是有意义的。*当然，两个单词的字母数目必须相同。为了避免混淆，不允许重新排列字母的位置。因此，CATS可以合乎规则地变成BATS，但你不能一步将CATS变成CAST。不过，你可以多用几步：CATS-CARS-CART-CAST。

---

* 这类谜题似乎没有一个统一的名称。常见的是"一次改一个字母谜题"，但这既不简洁，也缺乏想像力。

下面有两道谜题，你不妨试一下：

- 将SHIP变成DOCK。
- 将ORDER变成CHAOS。

尽管这些谜题涉及字词（语言的历史总是充斥着各种偶然性和不规则性），但它们引出了一些重要且有趣的数学。不过，我会在解答部分再讨论它们，这样就不用担心剧透的问题。

详解参见第263页。

大数

大数有着确定无疑的吸引力。古埃及象形文字中的"百万"是一个张开双臂的人——常被解释为渔夫用手势比划刚刚溜走的鱼有多大，尽管它也常出现在表示永恒的符号中（这时手上托的是代表时间的物件）。在古代，一百万已经相当大。但古印度的算术家给出了比它大得多的数，阿基米德也在《数沙术》中估算了地球上有多少粒沙子，并证明这个数目是有限的。

溜走的一百万……

在数学和科学中，表示大数的通常方法是使用10的幂：

$$10^2=100（百）$$
$$10^3=1000（千）$$
$$10^6=1\ 000\ 000（百万，million）$$
$$10^9=1\ 000\ 000\ 000（十亿，billion）$$
$$10^{12}=1\ 000\ 000\ 000\ 000（万亿，trillion）$$

曾有一段时间，billion在英国是10^{12}，但现在美式用法已经占据主导。这部分是因为十亿量级在如今的金融交易已经非常常见，我们需要为它起个上口的名称，而过时的milliard并不中听。不过在这个金融危机的时代，万亿英镑或美元的字眼开始见诸报端。十亿已是过去式。

在数学中，比这大得多的数层出不穷。这不仅是为了写出大数而写出大数，也是因为数学家需要用它们来表述重要发现。两个相对知名的例子是：

$$10^{100}=10\ 000…000（googol）$$

1后面跟着100个零；以及

$$10^{googol}=1\ 000…000（googolplex）$$

1后面跟着1 googol个零——不要试图把它写出来；写到地老天荒、宇宙终结你也写不完，更别说也没有那么大的纸让你写。这两个名称是美国数学家爱德华·卡斯纳九岁的外甥米尔顿·西罗塔1938年在一次关于大数的非正式讨论中提出的（参见《数学万花筒（修订版）》第206页）。互联网搜索引擎Google便得名自googol。

在与詹姆斯·纽曼合著的《数学与想像》一书中，卡斯纳首次向世界推出了googol一词，并告诉我们，幼儿园的一群小朋友经过数学计算后指出，在一个世纪时间里落在纽约的雨滴数目也远远不到1 googol。与此形成对比的是，一份"非常知名的科学出版物"宣称，引发冰河期所需的雪花数目是十亿的十亿次方。这个数（相当于$10^{9\ 000\ 000\ 000}$）非常惊人，也非常愚蠢。一个更合理的估计是10^{30}。这很好地说明了，大数很容易造成混乱，哪怕我们手头有系统化的计数法可用。

但所有这一切在斯奎斯数面前都要相形见绌。它是蔚为壮观的

$$10^{10^{10^{34}}}$$

在考虑这些层叠的指数时，规则是从最上面开始，依次往下。先构造10的34次幂，然后构造10的**这个值**次幂，最后构造10的这个幂值次幂。南非数学家斯丹利·斯奎斯在研究质数时遇到了这个数。具体来说，对于不大于数x的质数的个数$\pi(x)$，有一个著名的估计，可用对数积分表示为

$$\text{li}(x) = \int_0^x \frac{\mathrm{d}t}{\log t}$$

在所有$\pi(x)$可被精确计算的情况下，都有$\pi(x)<\text{li}(x)$，而数学家想知道这是否总是成立。斯奎斯间接证明了并不总是如此：假定所谓的黎曼猜想（参见《数学万花筒（修订版）》第208页）成立，使得$\pi(x)>\text{li}(x)$的最小自然数不会大于他那个异常庞大的数。

为了减少排版难度，指数a^b常写成a^b。于是斯奎斯数可写成

10^10^10^34

斯奎斯在1955年给出了在不假定黎曼猜想成立的情况下，相应的数为

10^10^10^963

不过这两个数现在只剩历史价值了，因为最新的研究已经把这个上界降低到了1.398×10^{316}（不假定黎曼猜想成立）。它仍然相当大。

在《碟形世界的科学III：达尔文的表》中，受从googol生成googolplex的方式的启发，特里·普拉切特、杰克·科恩和我一起提出了一种命名非常大的数的简单方法：如果umpty是任意数，[*]则umptyplex就是10^{umpty}，

---

[*] 这个数是幽冥大学的疯狂巫师Bursar最喜欢的数。

即1后面跟着umpty个零。因此，2 plex是一百，6 plex是一百万，9 plex是十亿。1 google是100 plex或者2 plexplex，1 googolplex是100 plexplex或者2 plexplexplex。斯奎斯数是34 plexplexplex。

我们决定用这种命名方式来讨论出现在现代物理中的一些大数。比如，已知宇宙中大约有118 plex个质子。物理学家马克斯·特格马克认为，如果你往外走得足够远，你会发现宇宙会一遍又一遍地重复自身（实现所有的可能宇宙），并且预计在不超过118 plexplex米远处会有一个你的完美副本。而弦理论（目前试图统一相对论和量子理论的最好尝试）则被自身的500 plex种变体所困扰，难以判断哪一个是正确的（如果有的话）。

但这些数与数学中的大数相比根本是小巫见大巫。在我1969年的博士论文中（这个研究涉及一个非常深奥和抽象的代数分支），我证明了，每个具有某一涉及整数n的特定性质的李代数都具有另一个更好的且可用5 plexplexplex…plex（n个plex）替换n的性质。*我强烈怀疑，其实n即使不能用n+1替换，也能用2n替换，但据我所知，这尚未得到证实或证否，而我已经转离这个课题很久了。但这个故事是想说明重要一点：在数学中发现异常巨大的数的一个通常原因是，在证明过程中使用了某种递归的过程，而这很可能会导致过度高估。

在正统数学中，我们的plex所起的功能通常由指数函数$\exp x = e^x$实现；也就是说，2 plexplexplex会是$\exp \exp \exp 2$的样子。但与此同时，10要替换成e，所以两者并不相等。不过这只需稍作调整即可，只要记得$e \approx 10^{0.43}$。涉及多重指数函数的定理也常常被重新表述成使用多重对数函数，就像$\log \log \log x$（对数参见第176页）。例如，我们已知，除了有限个例外情况，每个正整数是至多

---

* 第一个属性是"每个子代数是一个n步次理想"，后一个属性是"n级幂零"。例如，如果每个子代数是一个4步次理想，则该李代数是5 plexplexplexplex级幂零。这个数比斯奎斯数大，因为5 plex比34大得多。

$$nlog\ n+nlog\ log\ n$$

个完全 n 次幂之和——好吧，还要忽略一个小于 n 的可能误差。更有甚者，卡尔·波梅兰斯证明了，对于某个常数 c，x 以内的亲和数对（参见第100页）数目至多为

$$x\exp(-c\sqrt{\log\log\log x\log\log\log\log x})$$

其他表示大数的系统还包括斯坦豪斯–莫泽记法、高德纳向上箭号记法以及康威链式箭号记法等。毫不奇怪，这个话题要比你可能想像的大得多。想了解更多信息，可参见：

en.wikipedia.org/wiki/Skewes%27_number

en.wikipedia.org/wiki/Large_numbers

溺水的数学家

这个标题让我（不幸）想起这样一个笑话：

——一位溺水的数学家会怎样求救？

——log log log log log log log … ［木头木头……/对数对数……］

数学家和海盗

海盗行为很可能不会是人们在提到数学时联想到的第一件事情。当然在历史上，海盗行为（或者得到官方许可的私掠行为）的高峰期，也是航海用数学的黄金时代。航海家用罗盘和量角器在海图上绘制几何图形，用六分仪测太阳高度，并用数表计算船只所在纬度。不过，这并不是我在这里要讲的联系。我要讲的是，与史上最伟大的数学家之一（莱

昂哈德·欧拉）有牵连的几段涉及数学家和海盗的历史因缘。欧拉生于1707年，卒于1783年，一生大部分时间在俄国和普鲁士度过，是史上最多产的数学家。这些联系是由埃德·桑迪弗发现的，见于他的专栏"欧拉是如何做到的"。参见：eulerarchive.maa.org/hedi/HEDI-2009-04.pdf

欧拉在力学方面做出了许多重大进展，包括广泛运用最小作用量原理。这一原理一般认为最早是由法国数学家、作家和哲学家皮埃尔·路易·莫佩尔蒂提出的。莫佩尔蒂用一个称为"作用量"的物理量来刻画力学系统的运动，并注意到，相较于其他所有可能的运动，系统实际的运动总是使得作用量最小。例如，一块石头滚落下山的总作用量要少于这块石头先往上再往下，或者左右飘忽，又或者其他种种方式的总作用量。在欧拉居住在柏林期间，莫佩尔蒂是普鲁士科学院院长，与欧拉私交甚厚。他的父亲勒内·莫罗在16世纪90年代凭借法国国王的私掠许可证，通过劫掠英国船只发了家，并进而借助婚姻跻身贵族阶层。

1736年远征至芬兰拉普兰时的莫佩尔蒂。通过这次远征，他证明了地球不是完美的球体，而是在两极处略扁

欧拉也撰写过大量关于船舶的论文，*特别是通过流体静力学分析它们的稳定性。他的研究不仅仅有理论价值，更对俄国海军的船舶建造产生了深刻影响。1773年，他出版了《关于船舶结构及性能的理论分析，以及面向航海员的涉及船舶管理的实用结论》。该书随后在1776年被亨利·沃森翻译成英文。沃森是《女士日记或妇女年鉴》的一名资深撰稿人，这份年鉴刊登了许多数学游戏和问题，在当时广受男女读者的欢迎。他借钱造了三条船（部分基于欧拉的船舶设计理论），并向英国国王申请私掠许可证，希望在菲律宾附近海域经营。申请遭拒后，沃森转而用这些船来运货。不久之后，他在与东印度公司的一项合作项目中损失了10万英镑（相当于现在的2500万英镑）。当时他负责为加尔各答的码头进行现代化改造，但东印度公司暗中沮事，故意让项目破产，然后再以极低的价格把几近完成的工程买了下来。在回国准备起诉东印度公司的途中，沃森因病去世。

凯内尔姆·迪格比爵士是英王查理一世的廷臣和外交官。他与欧拉的联系是经由费马建立的。1658年，费马曾给他寄过一道几何题。原信已经遗失，但迪格比给约翰·沃利斯寄过一份副本，而副本保存了下来。曾系统地通读过费马所有文字的欧拉，听说了这个问题并解出了它。迪格比的生平也丰富多彩。他的父亲埃弗拉德·迪格比爵士因参与火药阴谋而在1606年被处决。他涉猎炼金术，又是英国皇家学会的创始成员之一。在1627–1628年间，他率领一支私掠船队到地中海。在那里，他夺取了一些西班牙、佛兰德斯和荷兰船只，并攻击了一些停泊在友好的土耳其伊斯肯德伦港附近的法国和威尼斯船只。随后他带着两船战利品返回英国。不过，这也使得其他英国商船无辜受牵连，要担心遭到报复。

---

* 欧拉的著作涉猎极为广泛，哪怕是与数学有一丁点关联的话题都有涉及。

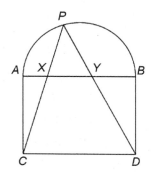

费马的难题：画一个矩形，其中AB是AC的$\sqrt{2}$倍，然后在矩形上方放一个半圆，并在半圆上选择任意一点P，按图所示得到X和Y，要求证明$AY^2+BX^2=AB^2$

桑迪弗还提到了一条非常微弱的联系，通过俄国女皇叶卡捷琳娜二世（她曾聘请欧拉担当宫廷数学家）关联到"美国海军之父"约翰·保罗·琼斯（他在1788年曾在俄国海军服役数月）。琼斯一度被荷兰当局指控为海盗，理由是他的船只没有悬挂任何"已知国家"的国旗。不过，当美国国旗在相关当局注册后，他的指控便被取消了。

⌒ 毛球定理 ⌒

一条重要的拓扑学定理说，你永远无法抚平一个毛球。*鲁伊兹·布劳威尔在1912年给出了一个证明。

---

* 如果这听上去不太数学，我们可以换用更技术一点的说法：球面上任意一个连续的向量场都有至少一个零点。希望这样够数学了。

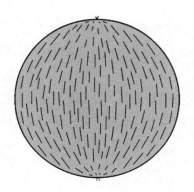

一次抚平毛球的失败尝试。其他地方都已抚平，但在北极和
南极，毛仍然直立，而这是不允许的

　　由这个定理可推出的一个结论是，在任意时刻，地球上必有一点的
水平风速为零。由于通常的风总是速度非零的，所以这样一个点几乎总
是孤立的，并常常会被一个气旋所围绕。所以在任意时刻，纯粹出于拓
扑学的原因，地球大气中应该存在至少一个气旋。

　　这个定理也可以帮助解释为什么试验性核聚变反应堆要用环形磁场
（托卡马克）来约束高热等离子体。你**可以**抚平一个毛环面（或甜甜圈*）。
当然，物理上的实现可没有这么简单。

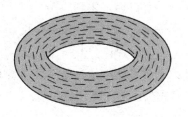

如何抚平一个毛环面

---

*　在本书中，"甜甜圈"均指中间有一个孔的美式甜甜圈。英式甜甜圈是（或曾是）
　一整块，通常内夹果酱。这两个国家在日常饮食的传统上也有所不同。年轻一代的
　读者可能无法理解这个脚注——难道不是所有甜甜圈都有孔吗？

多年前，我的一位数学系同事曾向他的朋友解释了这个定理，并很不明智地指出，它也适用于家里的宠物狗。从那时起，那条狗就被叫作了"毛球"。

在前面试图抚平毛球的图中，最后剩下两处竖毛抚不平。这个定理说，不可能**没有**这样的地方，但有可能只有一处这样的地方吗？

详解参见第267页。

❧ 正放和倒放的茶杯 ❧

我们先从一个用到三只茶杯的简单把戏开始。把戏本身很有趣，而由它进一步引出的一些问题，更有着让人吃惊的答案。

这是一个由来已久的在酒吧里骗钱的伎俩，需要用到三只茶杯和一位受害者（要选择已经喝得有点高，容易上当的人）。行骗者将三只茶杯（或玻璃杯）正放在吧台上：

然后他将中间那只茶杯翻转，得到

并解释说，现在使三只茶杯都倒放他只需三步，其中每一步翻转恰好**两只茶杯**。两只茶杯不必相邻：任意两只都可以。（当然，这可以通过一步完成——翻转两边的茶杯即可——但规定使用三步是障眼法的一部分。）

这三步是：

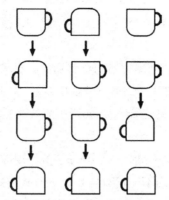

现在，行骗者开始向受害者下手。他装作漫不经心地将中间的茶杯正过来，得到

然后邀请受害者重复这个把戏，且不妨小赌一把以助兴。

奇怪的是，无论受害者怎么尝试，茶杯就是不听话。受害者没有注意到，茶杯的起始局面已被悄悄作了改变。而即便他注意到了这一改变，他也可能没有意识到其灾难性后果。正放的茶杯的奇偶性现在已经从偶数变成了奇数。然而，后续的每一步翻转都不会改变奇偶性。在每一步，正放的茶杯数目变动−2,2或0，所以偶数仍然是偶数，奇数仍然是奇数。在第一次示范中，起始局面的奇偶性是偶数，结束局面也是如此。但在第二次中，起始局面的奇偶性是奇数。这使得要求的结束局面是不可能达到的——不管操作三步、三百步，还是任意多步。

这个不光彩的骗人伎俩（请**不要**在家里、酒吧或其他任何地方尝试——如果非要这样做，千万别说是我教你的）表明，有些局面是不可能达到的。但同样重要的是，在一开始只需一步就能解决的原始问题中，它让受害者误以为需要通过三步。

这个问题可以加以推广。由此得到的谜题用到相同的原理，但更为简洁。下面是两个实例。

茶杯谜题1

假设从十一只茶杯开始，它们全部倒放。要求进行一系列操作，每一步翻转恰好四只茶杯（它们不一定要相邻），最终让这十一只茶杯都正放。你能做到吗？如果能的话，所需最少步数是多少？

茶杯谜题2

假设从十二只茶杯开始，它们全部倒放。现在要求每一步翻转恰好五只茶杯（同样地，它们不一定要相邻），最终让所有十二只茶杯都正放。你能做到吗？如果能的话，所需最少步数是多少？

详解参见第267页。

⟨⟨ 密码 ⟩⟩

自打有了文字，便有了将文字加密的需要，但大部分早期密码很容易破解。例如，下面的讯息

QJHT EP OPU IBWF XJOHT

通过将每个字母替换成它在字母表中的前一个字母，可被解码为

PIGS DO NOT HAVE WINGS ［猪没有翅膀］

即便将整个字母表移动其他位数，那也只有25种可能性需要尝试。一般认为，尤利乌斯·恺撒在他的征战中使用了这种**替换式密码**（他移动了三位）。该方法的优点是加密和解密容易，而主要缺点是破解起来也容易。

当然，你不一定要按（循环）顺序移动整个字母表。你可以把对应关系打乱。发接双方都必须知道打乱的方式，所以他们很可能会将它写下来，而这会成为一个不安全隐患。或者他们可以约定一个诸如DANGER!

FLYING PIGS这样的密钥，以提醒他们使用如下顺序

DANGERFLYIPSBCHJKMOQTUVWXZ

它以密钥开头，后接一个字母表，并忽略与前面关键词重复的字母。又或者，如果这样做后仍有很多字母保留未变，也可以逆转字母表顺序。

　　如果试图破解密码的一方得到了相当数量的加密讯息，替代式密码便很容易被破解，因为在任何一种自然语言中，总有一些字母比其他字母出现得更频繁。通过计算每个字母出现的频率（出现次数除以字母总数），你就可以做出一些有根据的猜测，然后通过检视那些有点说得通但不完全对的词来加以调整。

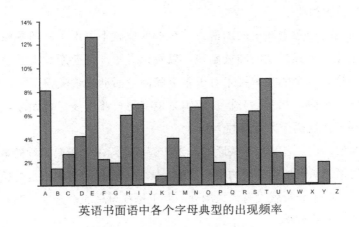

英语书面语中各个字母典型的出现频率

　　例如，在大多数英语文本中，最常见的字母是E，其次是T, A, O, I, N等。当然，不同来源的文本可能有不同的频率分布，但我们只需知道一个大致情况以供参考。假设我们已经知道加密讯息中最常见的六个字母是Z, B, M, X, Q, L，则对于加密讯息

UXCY RQ LQB KMFZ AXLCY

我们首先可以将ZBMXQL这几个字母分别用ETAION替换。结果得到（未知的字母用*代替）

*O** *I NIT *A*E *ON**

这看上去还是毫无头绪，但如果意识到NIT不太可能是个词，而NOT就比较合理，我们可以试着调换一下X和Q的位置，于是ETAION对应于ZBMQXL。现在我们将该讯息解码为

*I** *O NOT *A*E *IN**

第二个单词不会是TO或NO，因为T和N已经用过了，但它可能是DO。然后我们可以假设R替换的是D，如此等等。如果我们猜测出现了两次的CY应该是GS，则现在我们看到的是

*IGS DO NOT *A*E *INGS

接下去就很简单了。

对当时恺撒来够用的加密方法在近现代就不够用了。随着旗语、有线电报和无线广播的陆续出现，以及讯息不一定要通过人类信使或信鸽传递，安全的加密技术对于军事和商业活动来说变得至关重要。密码学（编码）和密码分析（解码）也变得日益重要。现如今，几乎所有国家在这两个方面都投入巨大。

显然，这两者是相互关联的：为了破解密码，你需要大量样本讯息以及对可能所用加密方法的某些了解。比如，如果面对的不是替换式密码，字母频率分析就没有太大用处。对于每种讯息加密方式，都有专门的试图破解的方法。

为了追求高安全性，传统的加密方法是使用**一次性密码本**。在这里，发送者和接收者都拥有一本包含众多随机数序列（密钥）的密码本。一个这样的序列在一次使用之后即被销毁。序列中的数与明文中的字母根据某种简单的数学规则相结合。例如，序列中的数可能表示对应的字母要在字母表中移动几位。因此，如果密码本上的内容是

5 7 14 22 1 7 16

而明文是

PIGS FLY

则加密讯息是

UPUO GSO

其中P移动5位，I移动7位，如此等等。这里我忽略了空格，但在实践中，空格应当被视为额外的"字母"。

一次性密码本发明于1917年，并已被证明，在数学上它的安全性是牢不可破的。尽管在理论上是完美的，但在现实中，它并不是绝对安全的，因为密码本有可能被别人发现。最初的密码本是纸质的。为了减小被发现的风险，它往往以非常小的字体印刷，需要借助放大镜阅读。而为了方便销毁，纸是由易燃材料制成的。现如今的"密码本"则可能是一个计算机文件。

当 2+2=0 时

在了解更现代的数据加密方法之前，我们需要了解一种可追溯至卡尔·弗里德里希·高斯的有趣算术。它被称为模算术，在数论中有广泛应用。

选择某个数字，比方说4，并把它称为模数。然后仅使用在0（包括）和该模数（不包括）之间的整数0, 1, 2, 3。将两个这样的数按常规方式相加，但如果和大于或等于4（模数），则将和减去4的一个倍数，使得结果在范围0–3内。乘法也是如此。比如，

3+3=6，减去4（模数），得到2

3×3=9，减去8（模数的两倍），得到1。

我们可以写出加法表和乘法表：

+	**0**	**1**	**2**	**3**
0	0	1	2	3
1	1	2	3	0
2	2	3	0	1
3	3	0	1	2

×	**0**	**1**	**2**	**3**
0	0	0	0	0
1	0	1	2	3
2	0	2	0	2
3	0	3	2	1

其中加黑所示的数是所操作的数，相应行和列中的数是计算结果。例如，要求3+2，查检左侧加法表的行3和列2，得到1，所以3+2=1。

你可能会对一种竟会得到3+2=1的算术不以为然，但事实证明，模算术对于一类除以4后得到的**余数**才是关键的问题至关重要。比如，如果你将某个物体转四个直角，那它恰好会回到起始位置。因此，转三个直角后再转两个直角，与仅转**一个**直角的效果是一样的。（确实，那也算五个直角，但只需要0, 1, 2, 3个直角就能涵盖所有可能性，所以保持在该范围内往往是说得通的。）因此，

3个直角+2个直角=1个直角

3+2=1在这样的语境中就不显得那么愚蠢了。2+2=0也是如此：转两个直角后再转两个直角，正好回到起始位置——转了零个直角。

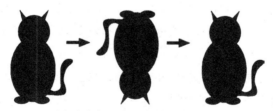

两个直角加两个直角等于零个直角

当你发现任何正整数（而不仅仅是4）都可以充当模数时，事情开始变得有意思了。同样的想法仍然成立，并且它们现在已经足够一般化，可以用来分析，比如任何一再重复相同行为的过程。

当模数为12时，我们得到了时常所谓的时钟算术，因为在常规的时钟上，时针经过12小时后回到同一位置，所以12的倍数等同于0。

　　每当有东西首尾相接，构成某种循环时，这些有趣的算术变体就会出现。事实证明，它们遵守代数的所有常规法则，比如

$$a+b=b+a \quad ab=ba \quad a(b+c)=ab+ac$$

不过它们也有一些特别之处，尤其是在做除法时。例如，以4为模数时，分数1/2就说不通。因为如果它说得通的话，这意味着，任何数在乘以2后等于1。但根据乘法表，任何数乘以2后等于0和2——1根本不会出现。

　　可以证明，当模数是**质数**时除法确实说得通，不过你仍然不能除以0。例如，模数为5时的加法表和乘法表变成了

+	0	1	2	3	4		×	0	1	2	3	4
0	0	1	2	3	4		**0**	0	0	0	0	0
1	1	2	3	4	0		**1**	0	1	2	3	4
2	2	3	4	0	1		**2**	0	2	4	1	3
3	3	4	0	1	2		**3**	0	3	1	4	2
4	4	0	1	2	3		**4**	0	4	3	2	1

每个数出现在乘法表除行0外的每一行中，并且现在我们可以说诸如

$$\frac{3}{2} = 4$$

因为

$$2×4=3$$

同样地，在这些情况下，除法的常规法则仍然有效。

　　当有可能产生混淆时，数学家常把这些方程写成如下形式：

$$2×4≡3 \ (\text{mod} \ 5)$$

其中用一个特殊符号≡代替等号，并标明所用的模数，以澄清他们不是真的以为2×4=3。不过常常是，他们懒得澄清。

可以公开的密码

模算术催生了密码学的一项重要发展：公开密钥加密。所有密码都有赖于密钥，它们所面临的最大风险也在于密钥被泄露。如果敌人（比如通过间谍）得到了一份你的一次性密码本的副本，那你的麻烦就大了。

但也有可能这并不要紧。通常的暗含假设是，一旦有人知道了密钥，他应该就能很容易地解码加密讯息。毕竟，这正是接收者预期要做的事情，所以把它弄得很难无疑是愚蠢的。但在1977年，罗恩·里韦斯特、阿迪·沙米尔和伦纳德·阿德尔曼发现，事情并没有这么简单。事实上，有可能公开将讯息加密的密钥，而不用担心加密讯息会被破解。同时，合法的接收者可以借助另一个相关的密钥解码该讯息，而这个密钥是保密的。

这类方法有赖于一个有趣的数学事实：逆推一个计算，从答案推算出问题，有时会比做这个计算本身难得多——即便这个过程在原理上是可逆的。*如果真是这样的话，即便知道这个过程的原理，也无从算得具体的内容。不过，单靠这个事实并没什么用处，还需要有某种秘密捷径，使得合法的接收者可以轻松地解码。而这正是高斯的奇异发明、可使2+2=0的模算术大显身手的地方。

RSA加密算法（得名自上面提到的三位发明者的姓氏首字母缩写）基于欧拉证明的一个定理。这个定理推广了皮埃尔·德·费马发现并证明的一个较简单的定理，后者被称为费马小定理，以区别于费马大定理（参

---

* 我有时喜欢把这类过程比喻成宠物门。我们的宠物猫埃勒坎知道通过推门从里面出来，但大部分时候它以为从外面回去的方式应该是逆转这个过程，所以常常会坐在外面试图拉门。即便它把这个逻辑推向极端，试图让尾巴先进来，我也不会觉得奇怪。但它忘了秘密捷径。我们躺在床上听着它折腾，心里暗暗着急："埃勒坎！你倒是**推**啊！"

见《数学万花筒（修订版）》第49页）。费马小定理说，如果以质数p为模数，则对于任意整数a，都有$a^{p-1}\equiv 1$。例如，以5为模数，我们应该会发现$1^4\equiv 1$，$2^4\equiv 1$，$3^4\equiv 1$，$4^4\equiv 1$。情况也的确如此。比如，

$$3^4\equiv 3\times 3\times 3\times 3\equiv 81\equiv 1\ (\text{mod}\ 5)$$

因为81-1=80，而80可被5整除。其他整数也是如此。[*]

为了应用RSA加密算法，你先得将讯息转换成数。例如，将每个包含100个字母、空格及其他字符的块表示成一个200位的数，其中每对相邻数字根据如下规则编码字符：A=01, B=02, …, Z=26, 空格=27, ?=28，等等。然后将一条讯息分解成一系列100位数。令N是其中的一个数。我们的任务是把N加密，通过一种使用模算术的数学方法。

下面我举一个例子，其中用到的数要比实际应用中的数小得多。

爱丽丝使用两个特别的数：77和13，这两个数是可以公开的。假设她的讯息是N=20，则她计算$20^{13}\ (\text{mod}\ 77)$，得到69，并发送给鲍勃。

鲍勃知道秘密捷径是数37，通过它可以逆推爱丽丝使用13所作的计算。因此，他解码了爱丽丝的讯息：

$$69^{37}\equiv 20\ (\text{mod}\ 77)$$

这对于爱丽丝可能发送的任何讯息都有效，因为

$$(N^{13})^{37}\equiv N\ (\text{mod}\ 77)$$

但这些数是如何而来的呢？

爱丽丝所选的数77是两个质数的积，7×11。可求得(7-1)×(11-1)，即60，并可知存在一个数d，使得$13d\equiv 1\ (\text{mod}\ 60)$，以及根据欧拉定理，对于任意讯息$N$，$(N^{13})^d\equiv N\ (\text{mod}\ 77)$。这个数$d$只有鲍勃知道，在这里$d$=37。

要使这种方法切实可用，我们需要用大得多的质数替换7和11——通常是100位左右的数（详解参见第268页）。编码密钥（这里是13）和解码密钥（这里是37）可从这些质数计算得出。只有编码密钥、两个质数的

---

[*] 费马是在高斯发明模算术之前证明的这个定理，所以并没有用到模算术。

积以及一个200位的数需要公开。只有鲍勃需要知道解码密钥。

　　这涉及找到非常大的质数，而事实证明这比我们可能预想的要更容易：存在许多有效的方法去检验一个数是否为质数，而无须将其因数分解。当然，你需要利用计算机来求这些乘积。注意到这里的宠物门效应：爱丽丝不需要知道如何解码讯息，她只需知道如何编码讯息即可。数学家普遍认为（但还不能证明），计算出一个非常大的数的质因数是极其困难的——难到在实践中做不到，而无论你的计算机多大多快。找到大质数则要容易得多，把它们相乘也是如此。

　　当然，我的例子使用的是不实用的小数，所以找到解码密钥37很容易。爱丽丝能算出来，任何试图破解讯息的人也可以。但若是100位的质数，如果你只知道两个质数的乘积，要算出解码密钥几乎是不可能的。另一方面，如果你确实知道这些质数，那么求解码密钥是相当简单的。这正是这个系统得以建立的基础。

　　像RSA这样的加密算法非常适合互联网，因为在网上每个用户都必须"知道"如何发送加密讯息（比如信用卡号）。也就是说，加密这条讯息的方法必须存储在他们的计算机上。这样的话，程序员有可能找到它。但只有银行需要知道解码密钥。因此，在罪犯分子找到大数的质因数分解的有效方法之前，你的钱都是安全的——假定银行是可靠的，不过这突然变得成问题起来了……

　　在实际应用中，还有其他要点需要注意，这种方法并没有这样简单。参见：en.wikipedia.org/wiki/RSA_(cryptosystem)

　　还值得注意一点，在实践中，RSA主要用于发送加密后的**密钥**给其他更简单的加密系统，通过后者发送讯息，而非通过自己发送讯息。毕竟通过RSA发送常规讯息，所需的计算时间就有点太多了。

　　这个故事的最后还有一段有趣的历史花絮。1973年，英国情报部门的一位数学家克利福德·科克斯提出了同样的方法，但在当时被认为不切实际。由于保密的缘故，在1997年之前，没人知道他在RSA系统上所做的工作。

❧ 日历魔术 ❧

"我的美丽助手，"伟大的胡杜尼说，"会递给我一本再普通不过的日历。"

格鲁佩丽娜微笑着照做了。这的确是一本普通的日历，每个月有七列，星期日和星期六排在两头，日期按顺序写出。

然后胡杜尼从观众席中邀请一名志愿者，同时让格鲁佩丽娜给自己蒙上眼睛。

"我要你从日历中选择任意一个月份，再画一个3×3方格来圈出九个日期。不要包括任何空格。然后，你告诉我这些日期中最小的数，我就会**立即**告诉你这九个数加起来等于多少。"

志愿者照做了。他选择了一个正方形，里面的最小日期是11。他刚把这个数告诉魔术师，胡杜尼就立即回答出"171"。

无论选择的是哪个3×3方格，胡杜尼的方法都能奏效。那他是如何做到的呢？

志愿者的选择

详解参见第269页。

数学家和猫

据说，*艾萨克·牛顿养了一只猫。他在书房门的底部掏了一个洞，好让猫可以自由进出。这样看来，我们必须把发明宠物门也算到牛顿的诸多成就之中，尽管他的版本缺少翻板。不管怎样，那只猫生了一堆小猫。所以牛顿又在大洞旁边掏了一个小洞。

我不知道刘易斯·卡罗尔（数学家查尔斯·勒特威奇·道奇森的笔名）是否也养过猫，但他创造了一只最令人难忘的虚构猫：柴郡猫。它会慢慢消失，只留下它一弯笑容。这里的"柴郡"并不是猫的品种：它是英国一个以生产奶酪知名的郡。卡罗尔可能指的是英国短毛猫，一种出现在柴郡奶酪标签上的猫。

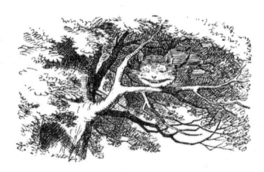

柴郡猫

古埃及的莱因德数学纸草书（参见第72页）上的问题79要求求和

房屋	7
猫	49
老鼠	343

---

* 这是一个屡试不爽的免责声明："我听人说过，尽管我无法提供任何证据。"

小麦种子 2401

海克特 16 807 （海克特是一种容量单位）

总计 19 607

其中每个数是上一个数的7倍。在纸草书上，书吏给出了一种速算法：

$$2801 \times 7 = 19\,607$$

注意到2801=1+7+49+343+2401。这些数是7的前几个幂。老实说，我不知道为什么书吏会认为将这些不同的项加起来是说得通的。

20世纪60年代，苏联数学家弗拉基米尔·阿诺尔德研究了环面到它自身的一种映射（"函数"或"变换"的另一种表述），利用公式

$$(x, y) \rightarrow (2x+y, x+y) \pmod 1$$

其中x和y介于0（包括）到1（不包括）之间，(mod 1)意为忽略小数点前的部分（整数部分）。比如，17.443 (mod 1)=0.443。这种映射的动力学过程是混沌的（参见《数学万花筒（修订版）》第114页）。此外，它具有"面积不变性"；也就是说，应用该映射后，其面积保持不变。所以它为在力学中自然出现的更复杂的面积不变性映射提供了一个简单模型。

这种映射很快被称为"阿诺尔德猫"，因为他在环面上画了一只猫，说明当应用该映射后猫会如何扭曲变形。下面是两个例子：

upload.wikimedia.org/wikipedia/commons/a/a6/Arnold_cat.png

www.nbi.dk/CATS/PICS/cat_arnold.gif

西奥尼·帕帕斯写过一本童书《数学猫彭罗斯的冒险》，大概用的是数理物理学家罗杰·彭罗斯的名姓。

在鲁迪·拉克的《恋爱中的数学家》中，两名数学系研究生证明了一个定理，用苏斯博士《戴帽子的猫》中的物品来描述所有动态系统。[*]

---

[*] 一次我在俄勒冈州做巡回演讲时，曾在西尔维亚海滩酒店下榻，那里的房间以文学为主题：奥斯卡·王尔德房间，阿加莎·克里斯蒂房间，等等。我住的是苏斯博士房间，屋内一面墙上画了一只五米高的戴帽子的猫。

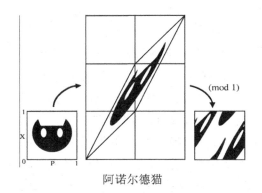

阿诺尔德猫

在彼得·费赖德1964年的研究性著作《阿贝尔范畴》中有一个索引条目"kittygory",它指向的页面讨论的是"小范畴"。

有一位数学家名叫尼古拉斯·卡茨（Nicholas Katz）——不知道这算不算？

嗯——费利克斯·豪斯多夫（Felix Hausdorff）呢？

十一法则

过去有一种检验一个数能否被11整除的方法，但在如今计算器普及的时代，它已经很少被教授。比如，假设这个数是4 375 327。通过取间隔的数字（**4**3**7**5**3**2**7**）得到两个和

$$4+7+3+7=21 \quad 3+5+2=10$$

然后取这两个和的差，21−10=11。如果差能被11整除，则原来的数也能被11整除，反之亦然。（0能被11整除，它等于11×0。）这里的差是11，它能被11整除，所以4 375 327也能被11整除。事实上，它等于11×397 757。顺便一提，在开头添加零不会造成影响，因为它们只是为所在的和中添加了零。

下面是两道谜题和一个问题。这两道谜题在使用这个检验方法后会更容易解决。

- 找到使用数字0—9恰好一次且能被11整除的最大的数。
- 找到上述情况下的最小的数，不能以0开头。
- 在能被11整除的正整数中，通过这个检验方法得到的差不是零的最小的数是多少？

详解参见第269页。

成倍的数字

方阵

$$
\begin{array}{ccc}
1 & 9 & 2 \\
3 & 8 & 4 \\
5 & 7 & 6
\end{array}
$$

用到了1—9中的每个数字。第二行384是第一行192的两倍，第三行576是第一行的三倍。

还有另外三个方阵也符合这样的规律。你能找出来吗？

详解参见第271页。

共同知识

有一类谜题有赖于"共同知识"的反直觉特性。"共同知识"是指，对于某件公开的事情，不仅每个相关人员都知道，他们知道每个人都知道，**并且**他们知道每个人知道每个人知道……下面是这类谜题的一个传统例子，其中涉及一个不为人知但都彬彬有礼的光头僧侣会的奇怪习惯。

不是着装上的"习惯",你懂的。

会士阿尔弗雷德、班尼迪克和西里尔在房间里睡觉,这时见习会士雷格普拉悄悄溜了进来,在他们每个人的光头上画了一个蓝色斑点。当他们醒来后,每个人都发现了其他人头上的斑点。修道院的规矩很清楚:说出任何会导致对方直接尴尬的事情是不礼貌的,但隐瞒任何会使**自己**尴尬的事情也是不礼貌的。而在任何情况下,不礼貌都不是允许的。所以这几个僧侣什么也没说,并且他们的举止也没有泄漏他们所看到的。

每个人都隐约怀疑自己头上是否也有一个斑点,但又不敢问,并且他们的房间里没有镜子,也没有任何会反光的物件。情况一直僵持着,直到院长进来,皱了皱眉头,告诉他们(同时小心避免导致直接尴尬):"你们几个人中至少有一个人头上有蓝色斑点。"

当然,三个僧侣都知道这一点。那么这个信息会产生什么影响吗?

如果你以前没有见过这道谜题,那么从只有两个僧侣的情况开始分析会有帮助。假设房间里只有阿尔弗雷德和班尼迪克。每个人都能看到另一个人头上的蓝色斑点,但不知道自己头上有没有。在院长说了这番话后,阿尔弗雷德开始思考:"**我**知道班尼迪克头上有一个斑点,但**他**不知道,因为他看不到自己的头顶。上帝啊,那**我**头上有没有斑点?嗯……假设我头上**没有**斑点,那么班尼迪克会看到我头上没有斑点,从而立即从院长的提醒中推断出**他**头上肯定有斑点。但他没有表现出任何尴尬的迹象。噢,**我**头上肯定有斑点。"班尼迪克也得出了类似的结论。

如果没有院长的提醒,这些推断就无法进行,但从表面上看,院长说的只是他们已经知道的事情。除了……每个人都知道至少有一个僧侣(对方)头上有斑点,但他们不知道**对方**知道至少有一个僧侣头上有斑点。

明白了吗?非常棒——三个僧侣的情形又如何呢?同样地,他们都能推断出自己头上有斑点,但这只有当院长说出那番话后才能实现(详解参见第271页）。同样的推理可应用到四个、五个或更多僧侣的情况，只要每个僧侣头上都有斑点。比如，假设有100个僧侣，每个人头上都有一个斑点，每个人都不知道自己头上有斑点，并且每个人都是思维敏捷的逻辑高手。为了避免计时问题，假设院长拿了一个铃。"每过十秒钟，"他告诉他们，"我会摇一下铃。这会给你时间来进行必要的逻辑推理。在我摇铃后，所有能推断出自己头上有斑点的僧侣必须举起手。"十分钟过去了，铃摇过了多次，但什么也没有发生。"噢，对了，我忘了，"他说，"还有额外一个信息。你们至少有一个人头上有斑点。"

现在，铃摇了99次，还是什么也没有发生。但在第100次铃响后，100个僧侣全部同时举起了手。

这是为什么呢？以比如100号僧侣为例，他能看到其他99个僧侣头上都有斑点。"如果我头上没有斑点，"他想，"那么其他99个人都知道这一点。这把我排除出了考虑范围。所以其他99个人会进行一系列推理，基于我头上没有斑点。如果我对99号僧侣的逻辑的判断是正确的，则在铃响了99次后，他们都会举起了手。"他等到第99次铃响，一直都没有任何反应。"哦，那我的假设是错误的，我头上肯定有斑点。"所以当第100次铃响后，他举起了手。其他99个僧侣也同样如此。

很好……但也许100号僧侣对99号僧侣的逻辑的判断是错误的。那样的话，整个推理就会分崩离析。然而，这时99号僧侣的逻辑（基于假设100号僧侣头上没有斑点）其实是一模一样的。现在，99号僧侣预计其他98个人会在第98次铃响后都举起了手，**除非**99号僧侣自己头上有斑点。如此这般，层层递归，直到我们来到最后一个假想的僧侣。他在任何人头上都没有看到斑点，随即意识到，要是至少有一个人头上有斑点，那这非**他**莫属（到了这个阶段，你不必是个逻辑专家，也能意识到这一点），所以他在第一次铃响后举起了手。

由于1号僧侣的逻辑是正确的，那么2号僧侣的逻辑也是正确的，那么3号僧侣……直到100号僧侣的逻辑都是正确的。所以这道谜题是数学归纳法原理的一个很好例子。根据数学归纳法原理，如果整数的某个性质对于数1成立，并且假设它对任意给定数成立的话，可以证明它对下一个数也成立，则它对于**所有**整数都成立。

到目前为止，我都假设每个僧侣头上都有斑点。然而，类似的推理表明，这个条件并不是必需的。例如，假设100个僧侣中有76个僧侣头上有斑点。如果每个人都遵从逻辑，则在第76次铃响前不会有任何反应，在第76次铃响后所有头上有斑点的僧侣同时举起了手，而其他人不会。

乍看之下，似乎很难明白他们是如何推断出来的。这里的关键在于通过铃声实现的推理的同步，以及对共同知识的运用。试着从两个或三个僧侣（斑点数目更少）的情况开始分析，或者作弊，翻到第271页。

腌洋葱谜题

三位疲惫的旅客在深夜来到一家旅馆，并让老板准备一些食物。

"现在只有腌洋葱了。"他咕哝道。

旅客表示腌洋葱也行，毕竟不然的话，什么都没得吃。老板出去后不久，拿了一罐腌洋葱回来。但那时，所有旅客都已经睡着了，所以他把罐子放在桌上，自己也睡觉去了。

第一位旅客醒来。不希望给人留下像猪那样贪吃的印象，也不知道是否已有人吃过，他打开罐子，扔掉一个看上去坏了的洋葱，并吃掉了剩下洋葱的三分之一，然后封上罐子，继续睡觉。

第二位旅客醒来。不希望给人留下像猪那样贪吃的印象，也不知道是否已有人吃过，他打开罐子，扔掉两个看上去坏了的洋葱，并吃掉剩下洋葱的三分之一，然后封上罐子，继续睡觉。

第三位旅客醒了。不希望给人留下像猪那样贪吃的印象，也不知道是否已有人吃过，他打开罐子，扔掉三个看上去坏了的洋葱，并吃掉了剩下洋葱的三分之一，然后封上罐子，继续睡觉。

这时老板来了。他取走了罐子，发现里面还有六个腌洋葱。

罐子里原来有几个腌洋葱？

详解参见第272页。

猜牌

伟大的胡杜尼的扑克牌把戏层出不穷。这次，他能从一副标准扑克牌中取出的27张牌里辨认出一张特定的牌。

胡杜尼洗了洗这27张牌，把它们排列成扇形，这样志愿者可以看到所有的牌面。

"在心中默默选一张牌，并记住它。"他告诉志愿者，"然后转过身去，写下这张牌的牌面，装在这个信封里封好，以便我们最后确认你的选择。"

接下去，胡杜尼将27张牌轮流发出，正面朝上，分成三堆，每堆九张牌，然后问志愿者他所选的牌在哪一堆中。

他拿起那几堆牌，把它们叠在一起，没有洗牌，然后将它们轮流发出，分成三堆，并问同样的问题。

最后，他拿起那几堆牌，把它们叠在一起，没有洗牌，然后将它们轮流发出，分成三堆，并第三次问同样的问题。

然后，他取出了志愿者所选的牌。

这个把戏的原理是什么？

详解参见第273页。

现在用一整副牌

胡杜尼还可以做得更好。只需发两次，他就能正确地从整副52张扑克牌中辨认出一张特定的牌。

首先，他轮流发牌，分成13行，每行4张，问所选的牌在哪一行中。

然后，他将扑克牌按原来的次序叠好，并轮流发牌，分成4行，每行13张，问所选的牌在哪一行中。

在这之后，他准确无误地取出了志愿者所选的那张牌。

这个把戏的原理是什么？

详解参见第273页。

万圣节=圣诞节

为什么数学家总把万圣节（10月31日）和圣诞节（12月25日）弄混？'

详解参见第273页。

埃及分数

用自然数做加法和乘法不成问题，但做减法就会出现问题。比如，用自然数就无法表示6-7的结果。这正是负数被发明的原因。自然数（包含零）及其相反数统称为整数。

同样地，一个数除以另一个数的问题，比如6÷7，*催生了像6/7这样

---

* 这是旧式的除号÷在本书中的唯一一次出现。

的分数的发明。其中上面的数（这里是6）称为**分子**，下面的数（这里是7）称为**分母**。

历史上，不同的文化发展出了处理分数的不同方式。古埃及人有一种非同寻常的分数表示法；事实上，他们有**三种**不同寻常的表示法。

首先，他们用特殊的象形文字表示2/3和3/4。

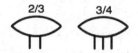

2/3和3/4的象形文字

其次，他们用荷鲁斯之眼的各个部分来表示1除以2的前六次幂。

左图：荷鲁斯之眼；右图：派生的分数的象形文字

最后，他们设计了一些符号，用来表示形如"1在某个数上面"的分数，即1/2, 1/3, 1/4, 1/5等。现如今，我们把这些称为单位分数。单位分数1/*n*被表示为将一个形似靠垫的象形文字（通常代表字母R）放在表示*n*的符号的上方。

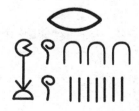

1/1237的象形文字（在实践中，古埃及人不会用到分母这么大的单位分数）

然而，这些方法处理的只是某些特殊类型的分数，6除以7仍然成问题。所以古埃及人将其他所有分数表示成**不同**单位分数之和。例如，

$$\frac{2}{3} = \frac{1}{2} + \frac{1}{6}$$

以及

$$\frac{6}{7} = \frac{1}{2} + \frac{1}{3} + \frac{1}{42}$$

不清楚他们为什么不喜欢把2/3写成1/3+1/3，反正他们就是没有这样写。

用单位分数做算术虽然显得怪异，但仍然是可能的。我们的方法则非常不同：先通分（参见第289页），然后分子做加减法。

$$\frac{2}{3} + \frac{6}{7} = \frac{2 \times 7 + 6 \times 3}{3 \times 7} = \frac{14 + 18}{21} = \frac{32}{21} = 1\frac{11}{21}$$

可以看到，结果接近于 $1\frac{1}{2}$，而这在埃及分数中并不是很明显。

然而，古埃及人还是用他们的符号表示法做出了许多令人惊叹的事情。了解古埃及数学的最重要材料是现存于大英博物馆的莱因德数学纸草书。1858年，亚历山大·莱因德在卢克索购得这张纸草书，它似乎出土自某次在拉美西斯二世神殿附近的非法挖掘。

纸草书长536厘米，宽32厘米，正反面抄写，时间大致在第二中间时期（约公元前1650年至约公元前1550年）。书吏雅赫摩斯在上面抄写了两个世纪前的第十二王朝阿蒙涅姆赫特三世时期的一件更早期文本，原本已失传。直到现在，学者们也尚未完全理解上面的内容。不过，其中一部分（在离一端约三分之一处）记载了如何用单位分数表示形为2/n的分数，其中n是3–101的奇数。

雅赫摩斯的结果可以汇总成一个表格。为了方便印刷和提高可读性，像条目

17　12　51　68

意味着

$$\frac{2}{17} = \frac{1}{12} + \frac{1}{51} + \frac{1}{68}$$

这个表格令人印象深刻，也引发了许多疑问。当初他们是如何发现这些表示法的？为什么书吏特意选取了这些分数？

将2/n（n为奇数）表示为至多四个单位分数之和

n	用单位分数表示的2/n				n	用单位分数表示的2/n			
3	特殊象形文字				53	30	318	795	
5	3	15			55	30	330		
7	4	28			57	38	114		
9	6	18			59	36	236	531	
11	6	66			61	40	244	488	610
13	8	52	104		63	42	126		
15	10	30			65	39	195		
17	12	51	68		67	40	335	536	
19	12	76	114		69	46	138		
21	14	42			71	40	568	710	
23	12	276			73	60	219	292	365
25	15	75			75	50	150		
27	18	54			77	44	308		
29	24	58	174	232	79	60	237	316	790
31	20	124	155		81	54	162		
33	22	66			83	60	332	415	498
35	30	42			85	51	255		
37	24	111	296		87	58	174		
39	26	78			89	60	356	534	890
41	24	246	328		91	70	130		
43	42	86	129	301	93	62	186		
45	30	90			95	60	380	570	
47	30	141	470		97	56	679	776	
49	28	196			99	66	198		
51	34	102			101	101	202	303	606

1967年，C.L. 汉布宁在悉尼大学的一台早期电子计算机上编写程序，算出了将雅赫摩斯表中的2/n分数表示为单位分数之和的所有可能方式。这

些结果让理查德·吉林斯得出了下述结论。

- □ 古埃及人偏好使用小的数。
- □ 能用两个单位分数之和表示，就不用三个之和；能用三个单位分数之和表示，就不用四个之和。
- □ 通常他们喜欢第一个数越小越好，除非这会使最后一个数太大。
- □ 他们偏好使用偶数，即便这会导致用到更大的数或更多的数。

例如，计算机计算发现

$$\frac{2}{37} = \frac{1}{19} + \frac{1}{703}$$

但两个数都是奇数，而且703太大。书吏则偏好使用以下形式

$$\frac{2}{37} = \frac{1}{24} + \frac{1}{111} + \frac{1}{296}$$

其中有两个偶数，而且没有哪个数太大。吉林斯在《法老时期的数学》一书中对此展开了广泛讨论。尽管这本书有点老，而古埃及数学史的研究日新月异，但其中仍不乏许多有趣的内容。

关于埃及分数的一个古怪事实

罗恩·格雷厄姆证明了，任何大于77的数均可表示成不同正整数之和，且它们的倒数（1除以该正整数）加起来等于1。因此，这是1的一种埃及式表示法。

例如，令 $n=425$，则有

$$\frac{1}{3} + \frac{1}{5} + \frac{1}{7} + \frac{1}{9} + \frac{1}{15} + \frac{1}{21} + \frac{1}{27} + \frac{1}{35} + \frac{1}{63} + \frac{1}{105} + \frac{1}{135} = 1$$

且3+5+7+9+15+21+27+35+63+105+135=425。

另一方面，德里克·亨利·莱默指出，77不能写成这种形式。因此，

在埃及分数的语境中，我们发现了77的一个特殊属性。

ꙮ 贪婪算法 ꙮ

埃及分数对实用算术来说已经过时，但作为数学，它仍有用武之地，可以帮助我们更好地理解现代分数。首先，虽然不容易看出每个小于1的分数都有其"埃及式表示法"（即表示为不同单位分数之和），但事实确实如此。比萨的莱奥纳尔多，即著名的斐波那契（参见《数学万花筒（修订版）》第96页）在1202年证明了这一点，表明通过现在所谓的"贪婪算法"总能做到这一点。**算法**是指一种总能得到一个答案的具体计算方法，就像一个计算机程序。

贪婪算法的具体过程如下。首先找出小于或等于所要表示的分数的最大单位分数——"贪婪"一名由此而来。然后从原来的分数中减去这个单位分数。现在重复这一过程，找出**不同于**之前求得的单位分数且小于或等于这个剩下的值的最大单位分数。如此继续。

令人惊讶的是，这种方法总会最终得到一个单位分数，从而终止。

让我们在分数6/7上尝试一下贪婪算法。

- ❏ 找出小于或等于6/7的最大单位分数，得到1/2。
- ❏ 求差：6/7−1/2=5/14。
- ❏ 找出小于或等于5/14且不同于1/2的最大单位分数，得到1/3。
- ❏ 求差：5/14−1/3=1/42。
- ❏ 找出小于或等于1/42且不同于1/2和1/3的最大单位分数，得到1/42本身，算法终止。

汇总一下，我们便得到

$$\frac{6}{7} = \frac{1}{2} + \frac{1}{3} + \frac{1}{42}$$

这就是要求的埃及式表示法。

贪婪算法并不总是给出**最简单**的埃及式表示法。例如，对于5/121，贪婪算法给出的结果是

$$\frac{5}{121} = \frac{1}{25} + \frac{1}{757} + \frac{1}{763\,309} + \frac{1}{873\,960\,180\,913}$$
$$+ \frac{1}{1\,527\,612\,795\,642\,093\,418\,846\,225}$$

而没有注意到一个更简单的答案：

$$\frac{5}{121} = \frac{1}{33} + \frac{1}{121} + \frac{1}{363}$$

埃尔德什–施特劳斯猜想说，每个形如4/n的分数都可表示成三个单位分数之和：

$$\frac{4}{n} = \frac{1}{x} + \frac{1}{y} + \frac{1}{z}$$

猜想对于所有$n < 10^{14}$都成立。例外（如果存在的话）肯定也寥寥无几，但目前尚未找到对此的证明或证否。

你还可以试一下使用贪婪算法的一些有趣变体。我建议使用分子和分母比较小的分数，以避免得到我们刚刚看到的庞然大物。首先，试着加上一个附加条件：涉及的每个单位分数的分母必须为**偶数**。令人惊讶的是，贪婪算法仍然有效——人们已经证明，每个小于1的分数都可表示成不同的分母为偶数的单位分数之和。

现在试一下**奇数**分母。计算机实验表明，在这种情况下，贪婪算法也是有效的。例如，

$$\frac{4}{23} = \frac{1}{7} + \frac{1}{33} + \frac{1}{1329} + \frac{1}{2\,553\,659}$$

但目前还没有人能给出证明。就我们所知，可能有某个特别的分数，只

使用奇数分母的贪婪算法会永无止境地进行下去。

这才是**真正**的贪婪。

在这里，我们只是涉及了埃及分数的皮毛。想了解更多，可参见：
en.wikipedia.org/wiki/Egyptian_fraction

如何搬一张桌子

威廉·费勒

威廉·费勒是普林斯顿大学的一位概率学家。有一天，他和妻子想把家里的一张大桌子从一个房间搬到另一个房间。但不管怎么试，他们都无法使它通过房间门。他们又是推，又是拉，把桌子颠来倒去，想尽了办法，还是搬不过去。

最终，费勒回到书桌前，做出了一个数学证明，证明这张桌子永远无法通过那个门。

但就在他忙着做证明的时候，他的妻子使那张桌子通过了房间门。

用长方形拼成正方形

从列表1, 2, 3, 4, 5, 6, 7, 8, 9, 10中选择边长，构成五个长方形，每个数只能选一次。然后将这些长方形拼成一个11×11的正方形，相互不能重叠。

详解参见第273页。

拜伦论牛顿

据说牛顿看见一只苹果堕落，

　　就灵机一动，找到了一个论据——

（据说如此，我可不能活着担保

　　任何圣人的信条或金科玉律），

证明地球是本着自然的旋转

　　而旋转的，叫作什么"万有引力"；

这倒是亚当以来的第一个人

　　把"堕落"或"苹果"作了一番理论。

（拜伦，《唐璜》第十章第一节，查良铮译）

宝藏就在标×处

"哇噢！"红胡子船长嚷道，"伙计们！看我们找到了什么？我觉得这是一张藏宝图，因为我分明看到了一个×。"

哇噢！伙计们！这是一张藏宝图！

　　"我知道那个岛，"水手长说，"当初我们夺取'虚名号'后，我们把那个蠢猪胆小鬼庞森比海军上将及其船员扔在了那个岛上。那个岛叫亡者之钥。岛上没有水源，他们肯定已经变成一堆骨头了。"

　　"向亡者之钥出发！"红胡子船长随即下令。随着船员各自开始忙碌，红胡子船长看了下四周，确保没人偷看，才把地图翻了过来。背面是一封血书，说明了在哪里可以找到宝藏：

　　　　四块石头标记构成一个大正方形，每边长140海里。

　　　　从绝望角、海盗湾和弯刀山的标记到×的距离为整数海里。

　　　　从绝望……

　　　　从海盗湾：99海……

　　　　从距离宝藏最近的弯刀……

部分文字被撕掉了。

　　红胡子船长爆了句海盗粗口。"我发誓，"他暗道，"万不得已，我会把整个岛挖个底朝天！"因为他很清楚，海盗永远不会把地图中的×标在正确位置上，否则太容易被别人发现自己的宝藏了。

　　"要是当初我在学校的数学课上专心一点就好了，"红胡子船长叹了口气，"这样的话，现在我就能算出真正的×离各个标记多远了。"*

宝藏距离三个标记多远？

[提示：这道题很难。你可能会希望知道，如果7能整除两个整数的平方和u^2+v^2，则7也能整除u和v。好了，你再想想……]

详解参见第274页。

反物质究竟是什么？

哈罗德·富尔特是奥地利裔美国物理学家，主要从事核聚变及相关课题的研究。1956年，他写了一首短诗《现代生活的危险》。诗的开头是：

远超对流层之上

是虚空和星辰之界。

在那里的反物质带中

生活着爱德华·反泰勒博士。

爱德华·泰勒是氢弹的共同发明者之一，在政治上也相当活跃，并被认为是电影《奇爱博士》中"奇爱博士"一角的灵感来源。诗的最后写道，有一天，来了一位来自地球的访客，人类和反人类走到一起：

……他们的右手

握到一起，一切顿成伽马射线。

小时候看过《星际迷航》的人都知道，反物质类似于普通物质的"镜像"，而当两者相遇时，会发生湮灭，物质转化成能量，并释放大量光子（伽马射线）。根据爱因斯坦的著名公式$E=mc^2$，很小的质量m可转化成巨大的能量E，因为光速c非常大，而c^2就更大了。

用手拿普通物质自然不成问题，这是司空见惯的。如果我们也能获

---

* 他还意识到，只需沿着以海盗湾的标记为圆心、半径为99海里的圆的一段弧挖即可。

得（当然，**不是**用手拿）哪怕一点点的反物质，我们就会拥有一个近乎不竭的致密的能量来源。物理学家和《星际迷航》的编剧很早就意识到这种潜在可能性。你只需找到或制造出反物质，并将其存储在某个不会接触到普通物质的地方，比如一个磁束瓶里。这在《星际迷航》里不成问题，但在现实中，我们目前的技术还远未达到22世纪的高水平。*

在粒子物理的通行理论中（已得到实验的很好支持），每种带电亚原子粒子都有其相应的反粒子，它们具有相同的质量，但所带电荷相反，而如果两者相遇……砰！本书不是关于物理学的，但这个物理学发现其实是一个数学计算的一个意外副产品。所以说，有时候一点点数学，若被严肃对待，就可以催生一场科学革命。

1928年，一位名叫保罗·狄拉克的年轻物理学家试图结合新奇的量子力学和已不那么新奇的相对论。他关注的是电子（组成原子的粒子之一），并最终写出了一个方程，既能描述这种粒子的量子性质，又符合爱因斯坦的狭义相对论。必须补充一点，这是个非凡的成就。狄拉克方程的发现在当时的物理学界是个重大事件，并帮助狄拉克在1933年获得了诺贝尔奖。方程爱好者们，你可以在第276页找到这个方程。

狄拉克从量子力学关于电子的标准方程开始，这一方程将它表示为一种波。难点在于，将这个方程进行修正，使之也满足狭义相对论

---

* 或者稍早些的时间。曲率引擎由泽弗拉姆·科克伦在2063年发明，但早期的型号使用了聚变等离子体作为能源。到了22世纪，在电视剧《星际迷航：初代》中，曲率引擎使用了引力场位移流形（即所谓曲率核心），后者使用反物质来产生能量。1994年，在我们的世界里，物理学家米格尔·阿尔库维雷发现了一个允许超光速飞行但又与相对论不冲突的"曲率引擎"。这里的关键是一句常被提及的科幻小说金句："尽管物质在空间中运动的速度是有限度的，但**空间**在空间中运动的速度是没有限度的。"阿尔库维雷求出了爱因斯坦引力场方程的一个解，在其中，飞船前面的空间会收缩，而后面的空间会膨胀。这样，飞船随波逐流，同时自己被包裹在一个正常空间的曲率泡泡里，相对静止。不幸的是，**建造**阿尔库维雷的引擎需要大量负能量物质，而我们现在**根本没有**。

的要求。为此，他需要借助自己善于发现数学之美的嗅觉，找到一个使得能量和动量是同阶导数的方程。有一天晚上，在剑桥大学的火炉旁思考这个问题时，他想到了一个巧妙的方法，可以将"波算子"（标准方程的一个重要特征）改写成某个更简单的东西的平方。这一步引出了一些非常熟悉的技术问题，而想要的方程很快便浮现了出来。

不过，这种做法面临着一个问题。改写后的方程引入了新的解，而它们不适合于原始方程。当你将一个方程的两边加以平方时，总是会发生这样的情况。比如，方程$x=2$取平方后变成$x^2=4$，这时出现了另一个解$x=-2$。在物理上，狄拉克方程的一个解具有正的动能，*而另一个解具有负的动能。第一种解满足电子的所有要求，但第二种解满足什么呢？从表面上看，负动能似乎根本说不通。

在经典（即非量子）相对论中，类似的情况也会发生，但它可以被避免。粒子永远不会从一个正能量状态运动到一个负能量状态，因为该系统必须连续地变化。因此，负能量状态可以被排除。但在量子理论中，粒子可以从一个状态不连续地"跃迁"到一个完全不同的状态。因此，在原理上，电子可能会从一个物理上合情理的正能量状态跃迁到一种令人费解的负能量状态。

狄拉克认为他必须允许这些令人费解的解存在。但它们是什么呢？

电子，像所有亚原子粒子一样，是由各种物理量刻画的，比如质量、自旋和电荷。狄拉克方程的一个解具备电子的所有正常性质；特别是，在适当单位下，其自旋为$1/2$，电荷为-1。通过细致研究，狄拉克注意到，那个令人费解的解也像电子，具有相同的自旋和质量，只是电荷为$+1$，恰好相反。在自己敏锐的数学嗅觉的引导下，他接近于预言一种新粒子。

但不无讽刺的是，他最终没有作出这样的预言，部分是因为他认为

---

* 动能是物体运动时具有的能量。在经典力学中，它是质量的一半乘以速度的平方。

这种"新"粒子是人们熟悉的具有正电荷的质子。现在已知，质子的重量是电子的1860倍，而狄拉克方程的负能量解有着与电子相同的质量。但狄拉克认为这种不一致是由电磁学中的某种不对称性引起的，所以他将论文的题目定为"电子和质子的一个理论"。狄拉克与大发现失之交臂。1932年，卡尔·D. 安德森在一个使用云室探测宇宙射线的实验中发现了一种与电子质量相同但带相反电荷的粒子。他将这种新发现的粒子命名为**正电子**。据说，当被问及为什么没有明确预言这种新粒子的存在时，狄拉克答道："纯粹是因为懦弱！"

问题并没有随着正电子的发现而完全解决。单个的正电子没有负动能，所以狄拉克提出，他的方程其实适用于一个负能量电子之"海"，它们几乎占据了所有可用的负能量能级。"一个未被占用的负能量能级，"他写道，"现在看上去像是某种具有正能量的东西，因为要使它消失，也就是说，将它填满，我们需要一个具有负能量的电子。我们假设这些未被占用的负能量能级就是正电子。"接着他补充道，量子力学的真空就提供了一种这样的粒子海。不过，这个解释无法完全令人满意，哪怕人们利用量子场论进行了重新诠释。狄拉克方程仅适用于单个的孤立粒子，所以它无法描述相互作用。因此，物理学家乐于接受狄拉克方程，只要其诠释是受到适当限制的。

尽管如此，这些发现的影响是巨大的。现如今，粒子物理学家认为反物质的存在验证了基本自然规律遵循一种深刻而美丽的对称性，称为电荷共轭对称性。每个粒子都有一个对应的反粒子，它们的主要不同在于具有相反的电荷。像光子这样不带电的粒子，自己是自己的反粒子。*如果一个粒子与它的反粒子碰撞，它们会发生湮灭，并发出光子。

宇宙大爆炸应该创造出了同等数量的粒子和反粒子，所以我们的宇

---

* 然而，不带电的粒子并不总是与它们的反粒子相同。不带电的中子由夸克组成，而单个夸克有非零电荷。反中子由对应的反夸克组成，所以中子和反中子是不同的。

宙应该包含等量的两种类型的物质（光子不计在内）。而如果物质和反物质得到充分混合，它们就会相互碰撞，发生湮灭，所以现在应该只会有光子存在。然而，我们的宇宙并不是这样的。很多物质不是光子，而是普通的物质。这是一个大谜题，称为重子不对称性。对此，目前尚未找到真正令人满意的答案。然而，事实表明，电荷共轭对称性并不是十分精确；对于每十亿个反物质粒子，只要有十亿零一个物质粒子就能导致如今我们看到的世界。另外也有可能，在宇宙中其他某个地方，反物质占主导，尽管这看起来相当不可能。又或者，也许来自遥远未来的时间旅行者从早期宇宙的每十亿零一个反物质粒子中偷走了一个，用来给他们的时间机器充电。

不过，反物质显然**存在**，因为我们可以制造出它们。1995年，在日内瓦CERN粒子加速器上，人们首次用一个反质子和一个绕它旋转的正电子制造出了反氢原子。更重的反原子还没有造出来，尽管反氦核已造出来过（它还缺少正电子以构成反氦原子）。实验室实验中最常见的反物质是正电子，它可由某些放射性原子经过正β衰变生成。这时一个质子转变成一个中子，同时释放一个正电子和一个电子中微子。这些放射性原子包括碳-11、钾-40及氮-13等。

想了解更多反物质的物理知识，可参见：

　　en.wikipedia.org/wiki/Antimatter

　　home.cern/topics/antimatter

想了解阿尔库维雷引擎及相关主题，可参见：

　　en.wikipedia.org/wiki/Alcubierre_drive

　　hyperspace.wikia.com/wiki/Alcubierre_drive

如何看到里面的东西

反物质不仅仅是曲高和寡的物理理论。正电子其实在医用PET（正电子发射断层成像）扫描仪中扮演着重要用途。它常与CAT（计算机轴向断层成像）扫描仪结合使用，后者现在常常进一步缩减为CT。这两者都是基于很久以前就已发明的数学技术，尽管它们当时并不是出于实用目的发明的。当然，这些技术需要加以改进和调整，以便考虑进各种实践问题，比如需要尽量减少病人接触X射线的量，而这样会减少所采集的数据量。

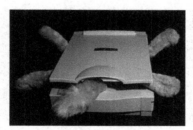

不，不是这样扫描

成像技术的历史可追溯至人们刚刚发现X射线的时期，而它背后的数学则可追溯至约翰·拉东。他1887年出生在波希米亚，当时那还是奥匈帝国的一部分，现在属于捷克共和国。拉东变换是他的一大发现。

拉东变换的原材料是一个定义在平面上所有点 x 的"函数" f。这意味着 f 定义了某个规则，使得对于任意给定的 x，可得到具体数 $f(x)$。例如，规则可以是"构成 x 的平方"，这时 $f(x)=x^2$，如此等等。拉东变换则将 f 变成了一个定义在平面上所有**直线**的相关函数 F。F 在某条直线 L 上的值 $F(L)$ 可被想像为，当 x 沿这条直线运动时 $f(x)$ 的平均值。

1920年的约翰·拉东　　　　拉东变换示意图

　　这样的描述不太直观（除非他是专业人士），所以我会用计算机时代大家可能更熟悉的用语重新表述一遍。假设有一张"黑白"图片，比如上面的拉东照片。对于图片中的每种灰色，我们可以将它与一个数关联起来。因此，如果0=白色，1=黑色，则1/2就是把等量的黑色和白色混起来后得到的灰色。这些数确定了"灰度"：这个数越大，灰色越深。因此，拉东衣领上的点的灰度为0，他脸上的点大多在0.25左右，他的夹克是0.5或更高，有些阴影部分接近1。

　　我们可以把这张照片与一个函数 f 关联起来。为此，设 x 是照片上的任意一点，并设 $f(x)$ 是那一点的灰度值。例如，$f($衣领上的点$)=0$，$f($脸上的点$)=0.25$，诸如此类。这个函数定义在该平面上（不超出照片边缘）的所有点。我们可以通过这个函数把这幅照片重新构造出来——事实上，图像在计算机中就是这样存储的，再考虑进一些技术细节。

　　为了定义拉东变换 F，取平面中的任意一条直线，比如图中标记的直线 L。令 $F(L)$ 是照片沿着直线 L 的平均灰度值。在这里，L 穿过拉东的脸，平均值是（比如）0.38。因此，$F(L)=0.38$。直线 M 上的深灰色更多，因此有可能 $F(M)=0.72$。你必须为所有可能的直线给出这样的对应，而不仅仅是这两条直线：答案是一个涉及积分的公式。

给定一个函数，计算出其拉东变换是直截了当的，尽管会有点麻烦。但不那么明显的是，给定一个拉东变换，你也可以计算出其对应的函数。拉东指出，这是可能的，并给出了另一个用于此计算的公式。这意味着，如果我们知道拉东照片上每条直线的平均灰度值，我们就可以还原出拉东的模样。

但这些与CAT扫描有什么关系呢？

假设医生能够在你的身体上沿着某个平面"切"一刀，并制作出在这一切面上的组织的灰度图，则密度大的器官会显示为深灰色，密度小的器官会显示为浅灰色，如此等等。它就像某种"三维X光片"的一个平面切片，会告诉医生你的身体组织相对于那个切片的确切位置。

可惜尚不存在可以**直接**拍摄那种照片的X射线机器。但我们可以做的是，发出一道X射线（本质上是一条直线），使之穿过身体，并测量它在另一端出现时的辐射强度。这一强度与这条直线上的组织的平均密度相关。组织的平均密度越大，出现的射线越弱。因此，如果你沿切片平面上所有可能的直线射出这样一道光，你就能计算出该切片的灰度函数的拉东变换。然后，拉东公式会告诉你原来的灰度函数是什么，从而得到该平面切片的直接表示。也就是说，你的那个切面实际上是什么样子的。因此，这是一种看到实心物里面的方法。

在实践中，你无法做到测量**每条**直线上的拉东变换，但你可以测量足够多的直线，并以此得到图像的一个有用近似。（许多调整便是为了弥补这一精度上的损失。）这正是CAT扫描仪的工作原理，再考虑进一些价值数百万美元的技术细节。[*]你躺进一台机器里，机器从切片平面上的一

---

[*] 第一台CAT扫描仪由EMI公司发明，该公司主要是生产唱片的。所以有人怀疑，这数百万美元是靠销售披头士唱片赚到的。

系列密集角度拍摄X射线图像。同时计算机使用调整过的拉东公式或相关的方法来计算出相应的横断面图像。然后扫描仪将你推进约一毫米，并在一个平行的切片平面上重复同样的过程。如此这般反复，直到构造出你身体的一个三维图像。

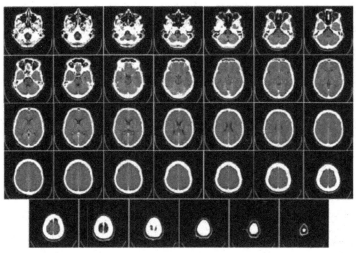

CAT扫描仪制作的一系列头部切片

　　PET扫描使用类似的技术，并经常是在同一台机器上完成，只不过它使用的是正电子，而非X射线。病人会先服用一剂具有微弱放射性的葡萄糖类似物，通常是氟代脱氧葡萄糖。这种糖会在不同组织里以不同浓度聚集。随着它发生放射性衰变，转变成普通葡萄糖，它会发出正电子。因此，它越聚集的地方，发出的正电子就越多。扫描仪收集正电子，并度量其沿给定任一直线的活跃程度。接下来的就跟刚才讲的差不多。

　　所以要是你今后有需要进行医疗扫描，你应该记起，这一切都是基于由一位数理物理学家随手写下的几个方程，以及在大约一百年前由一位对一个涉及积分变换的技术问题感兴趣的纯数学家发现的一个公式。

数学家论数学

数学是写给数学家的。（尼古拉·哥白尼）

数学是最高仲裁者。它的裁定无法上诉。我们无法改变游戏规则，也无从断言这一游戏是否公平。（托比亚斯·丹齐希）

在我看来，万物的原理皆是数学。（勒内·笛卡儿）

数学可以比作一块我们希望探索其内部构成的大石头。过去的数学家就像坚忍不拔的石匠，他们用锤和凿慢慢地从外部一层层剥离。后来的数学家则像专业矿工，他们寻找薄弱的岩脉，打洞钻进这些战略要地，然后用恰当放置的火药把石头炸开。（霍华德·W.伊夫斯）

自然之书是用数学符号写就的。（伽利略·伽利莱）

数学是科学的皇后。（卡尔·弗里德里希·高斯）

数学是一种语言。（约赛亚·威拉德·吉布斯）

数学是一项有趣的智力运动，但不应该让它妨碍到我们获得关于物理过程的理智信息。（理查德·W.汉明）

纯数学在整体上比应用数学有用得多。毕竟有用的归根结底是技术，而数学技术主要是通过纯数学传授的。（戈弗雷·哈罗德·哈代）

我们在课堂上给出的关于数学的重大误解之一是，仿佛老师总是知道所讨论的任何问题的答案。这让学生误以为，存在一本书，上面有所有有趣问题的正确答案，并且老师知道那些答案。而如果有人能弄到这本书，一切问题就都能手到擒来。但这其实与数学的真正本质大相径庭。（利昂·亨金）

数学是一个根据简单的特定规则操弄纸面上的无意义记号的游戏。（大卫·希尔伯特）

数学是无须解释的科学。（卡尔·古斯塔夫·雅各布·雅可比）

数学是用简单词汇表达复杂思想的科学。（爱德华·卡斯纳和詹姆斯·纽曼）

所有探究外部世界的努力的主要目的应该是，发现其内在的理性秩序和和谐，而这是由上帝赋予的，并且他通过数学语言揭示给我们。（约翰内斯·开普勒）

在数学中，你不是理解东西。你只是习惯它们。（约翰·冯·诺伊曼）

数学是得出必要的结论的科学。（本杰明·皮尔士）

数学是给不同事物取同种名称的艺术。（亨利·庞加莱）

我们常听人说，数学主要是"证明定理"。但作家的工作主要是"写出句子"吗？（吉安-卡洛·罗塔）

数学或许可以被定义为这样的学科，在其中我们不知道自己在说什么，也不知道自己所说的是否为真。（伯特兰·罗素）

数学是关于重要的形式的科学。（林恩·阿瑟·斯蒂恩）

数学不是一本书，其内容夹在封面之间，被铜环穿起，只要有耐心就能读完；它不是一座矿山，其宝藏可能需要很长时间才能被发掘采集，但矿脉的数量终究是有限的；它也不是一片土壤，其肥力会被连续的丰收所耗尽；它也不是一块大陆或海洋，其面积可被测量，其轮廓可被划定：它是无限的，任何空间都太过狭小，容不下它的变化万千；它的可能性是无穷的，就如同一个个新世界不断跃入天文学家的视线，不断在增加。（詹姆斯·约瑟夫·西尔维斯特）

数学从原子看似偶然的聚散中揭示出了上帝之手的轨迹。（赫伯特·韦斯顿·特恩布耳）

在很多情况下，数学是一种逃避现实。数学家在一些无关外界事物的探索中找到了自己的心安和快乐。（斯坦尼斯瓦夫·乌拉姆）

上帝存在，因为数学是内在一致的；魔鬼存在，因为我们无法证明这一点。（安德烈·魏尔）

当最早有人（很可能是一个希腊人）证明了关于"任何"事情或"某

些"事情，而非特定事情的命题时，数学作为一门科学就诞生了。（艾尔弗雷德·诺思·怀特海）

哲学是一种有目标但无规则的游戏。数学是一种有规则但无目标的游戏。（无名氏）

维特根斯坦的羊

以下这个故事来自剑桥大学分析学家约翰·伊登瑟·李特尔伍德的可爱小书《一个数学家的杂记》。

老师："假设x是这个问题中羊的数量。"

学生："但是，先生，假设x不是羊的数量。"

李特尔伍德说，他曾询问剑桥大学哲学家路德维希·维特根斯坦，这是不是一个深刻的哲学笑话，而维特根斯坦回答是的。

比萨盒斜塔

午后，杰罗尼莫比萨店业务不多。店员安吉丽娜百无聊赖，把比萨外卖盒在桌边一个接一个堆起来。盒子看上去很不稳定，路易吉说。

"我想看看到底能堆多少个盒子而不掉下去，"安吉丽娜解释道，"我发现，只需三个盒子，我就可以让最上面的盒子几乎完全探出桌边。"

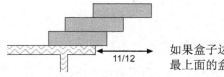

如果盒子边长为一个单位长度，则最上面的盒子探出了11/12个单位

"你怎么算出来的？"路易吉问道。

"你看，我把最上面的盒子放在第二个上面，使得它的中心恰好在第二个盒子的边缘。所以它探出了1/2个单位。接着很容易看出，上面两个盒子的质心在正中间，所以我这样放置它们，使得它们的质心恰好在第三个盒子的边缘。通过求和可知，这里又探出了1/4个单位。然后我这样放置三个盒子，使得它们总的质心正好落在桌边，这样悬空的长度又增加了1/6个单位。"

"1/2+1/4+1/6=11/12，"路易吉说，"你是对的，它确实探出了将近1个单位长度。"

细心的读者会发现，安吉丽娜和路易吉假定了盒子大小相同且质量均匀分布。而真正的比萨盒（不论是满的，还是空的）并非如此。不过对于这道谜题来说，我们应该假定它们确实如此。

"如果再多加些盒子会发生什么呢？"路易吉问道。

"我觉得这种模式会继续。我可以用第四个盒子代替桌子，然后将这堆盒子往外稍微推点，直到它们就要倒下来，这样悬空的长度又增加了1/8。这时，最上面的盒子就完全探出了桌子的边缘：悬空长度为25/24。对于更多的盒子，我可以如法炮制，从而再增加1/10，如此等等。"

"所以你想说，"路易吉说，"用n个盒子可以悬空

$$\frac{1}{2} + \frac{1}{4} + \frac{1}{6} + \frac{1}{8} + \cdots + \frac{1}{2n}$$

个单位长度。我能看出来这是$\frac{1}{2} H_n$，其中H_n是第n个调和数

$$H_n = 1 + \frac{1}{2} + \frac{1}{3} + \frac{1}{4} + \cdots + \frac{1}{n}$$

是这样吗？"

安吉丽娜点头称是。你可能也不会反对。

这是一道由来已久的谜题，用n个盒子可以堆出的最大悬空长度确实

是 $\frac{1}{2}H_n$，所以安吉丽娜和路易吉是对的。你可以在很多材料中找到详细解释，我也本该在这里给出，只是有一点：传统的解只有在额外补充一个假设时才成立。这个假设是：每一层只用一个盒子。这样就引出了一个非常有趣的问题：如果去掉这个假设，会发生什么呢？

R. 萨顿在1955年发现，即使只用三个盒子，你也可以做得比安吉丽娜更好，使盒子探出1个单位而不是11/12个单位。用四个盒子，最大悬空长度是

$$\frac{15-4\sqrt{2}}{8} = 1.16789$$

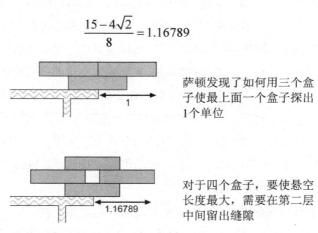

萨顿发现了如何用三个盒子使最上面一个盒子探出1个单位

对于四个盒子，要使悬空长度最大，需要在第二层中间留出缝隙

对于 n 个盒子，并且每层想放几个盒子就放几个，情况会怎样呢？（还有一个更一般化的问题，其中盒子可以倾斜，但这里我们只考虑层层平铺的情况，就像砌砖墙那样。）

在接下去读之前，你或许想自己试一下。用五个或六个盒子，你能得到的最大悬空长度是多少？

详解参见第277页。

为了避免误解，让我们明确一下条件。所有盒子大小相同且质量均匀分布，所有东西都是理想化的，就像平时在欧几里得几何中那样。问题限定在平面上，因为在三维空间中还可以旋转盒子而不致违背"层

层平铺"的条件。整个放置必须处于均衡状态：也就是说，作用在任一盒子上的所有力都会相互抵消。盒子必须逐层放置，但允许留出缝隙。还有一个重要条件：放置时不一定要一次加一个盒子。在中间阶段允许外力支撑，只要最后的放置处于均衡状态即可。（事实证明，这个均衡条件不是很直观，但这可以通过转化成方程，利用计算机检验。不过当盒子不是太多时，情况应该还够直观，足以解决这道谜题。）

四个、五个和六个盒子时的答案由J.F. 霍尔在2005年解出。事实上，他给出了一些一般化模式，并提出它们应该总是能把悬空长度最大化。但在2009年，迈克·帕特森和尤里·兹维克证明了霍尔的摆法仅对19个及以下的盒子适用（参见第277页）。找到大量盒子的确切摆法是极其复杂的，但他们提出了适用于100个以内盒子的一些接近最优化的摆法。

一个非常有趣的问题是：最大悬空长度随着盒子个数n的增长而增长的速度有多块？对于经典的"每层一个盒子"问题，问题的解是$\frac{1}{2}H_n$。这个数似乎没有简单公式可算，但H_n可以被自然对数$\log n$非常逼近。所以最大悬空长度是$\frac{1}{2}\log n$。

帕特森和兹维克证明了，当每层可以包含多个盒子时，最大悬空长度大致与n的立方根成正比。更确切地说，存在常数c和C，使得n个盒子的最大悬空长度总是介于$c\sqrt[3]{n}$和$C\sqrt[3]{n}$之间。通过所谓"抛物线摆法"，他们展示了一种悬空长度至少为

$$\sqrt[3]{\frac{3}{16}}\sqrt[3]{n} - \frac{1}{4} = 0.572\,357\sqrt[3]{n} - \frac{1}{4}$$

个单位的摆法。下页图展示了111个盒子时的情形，这时悬空长度恰好为3个单位。（当n=111时，近似公式算得2.500 59，而不是3。但当n非常大时，这个公式仍给出了已知最好的悬空长度。）

2009年初，彼得·温克勒、尤瓦尔·佩雷斯和米克尔·托鲁普加入了帕特森和兹维克的团队，对这个问题展开进一步研究。他们证明了，C

至多为6：n个盒子的悬空长度永远无法大于$6\sqrt[3]{n}$。他们的证明使用了概率论中的"随机漫步"理论。随机漫步是指一个人以特定概率向前或向后迈步。每一块砖分散来自下面一块砖的力的方式，有点类似于沿一条直线的随机漫步。

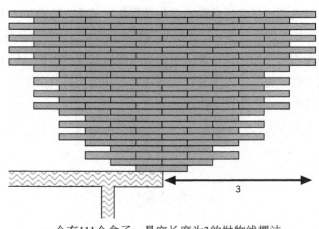

一个有111个盒子、悬空长度为3的抛物线摆法

派达哥拉斯招牌果馅派

阿尔文、布伦达和卡西米三人去馅饼店买了三个派达哥拉斯招牌完美圆形果馅派。他们买了一个直径6厘米的小派、一个直径8厘米的中派以及一个直径10厘米的大派，因为只剩这些了。

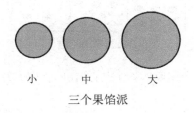

小　　中　　大

三个果馅派

他们本可以每人各吃一个，但他们想公平地分享这些派。人所共知，派达哥拉斯招牌果馅派由上下两层厚度均匀的面皮以及中间一层均匀分布的果馅构成。所有尺寸的果馅派的面皮和果馅厚度都是一样的。因此，"公平"意味着从俯视图（见前页图）上看"有相等的面积"。

他们发现要将派公平分配其实相当复杂，于是最终满足于将每个派分成三块，每人各取一份。但就在他们刚要开始切时，苔丝狄蒙娜来了，她也要求得到公平的一份。想了一会儿，他们发现，现在可以更容易地进行分配，只需将其中两个派各切成两半，并留下第三个不动。他们是怎样做到的？

详解参见第277页。

方片框

弟弟尝试的幻框

弟弟数学盲从一副牌中取出从A到10的十张方片，并把它们排成一个矩形框。

"看！"他朝姐姐怕数学喊道，"我把它们排成了，框的每条边的方片总点数都相同！"

过往的经验告诉姐姐，弟弟的话不能全当真。果然，她很快就指出，四条边的和分别是19（上）、20（左）、22（右）和16（下）。

"好吧，那我是把它排成了每条边的总点数都不同。"

姐姐表示同意，但觉得新的谜题太愚蠢了。她还是更喜欢原来的。

你能解出原来的谜题吗？允许你把牌转过一个直角。

详解参见第278页。

倒水问题

这是一道古老的谜题，其历史可追溯到16世纪文艺复兴时期的意大利数学家塔尔塔利亚，但其解答具有的系统化特征直到1939年才被人们注意到。还有许多谜题与此类似。

你面前有三个水罐，容量分别为3升、5升和8升。8升罐是满的，另外两个是空的。你的任务是通过把水从一个罐子倒入另一个罐子，将水分成两部分，每部分4升。不允许用眼估计水量，所以你只能在其中一个水罐已满或已空时停止倾倒。

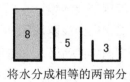

将水分成相等的两部分

详解参见第278页。

亚历山大的长角曲面

如果你在平面上绘制一条自己不与自己相交的闭曲线，那么似乎很明显它必定会将平面分成两个部分：一部分在曲线内部，另一部分在曲线外部。但数学曲线可以非常曲折，而事实证明，这个显而易见的命题其实很难证明。卡米耶·若尔当曾试图给出一个证明，全长八十多页，收录在他1882年至1887年间出版的一套多卷本教科书中。但这个证明后来发现并不完整。奥斯瓦尔德·维布伦在1905年找到了这个"若尔当曲线定理"的第一个正确证明。2005年，一个数学家团队提出了一个适合计算机验证的证明，并进行了验证。整个证明长达6500行。

一条简单闭曲线（曲线内部用阴影表示）

这样一条简单闭曲线还有一个更精微的拓扑性质：这条曲线的内部和外部拓扑等价于一个普通圆的内部和外部。这可能看上去也很明显，但值得注意的是，三维下看似同样显而易见的对应命题实际上是错的。也就是说，存在这样一个空间中的曲面，它拓扑等价于普通球面，其内部拓扑等价于普通球面的内部，但其外部并**不**拓扑等价于普通球面的外部！这样一个曲面由詹姆斯·沃德尔·亚历山大在1924年发现，因而称为亚历山大的长角球面。它就像一个球面长出了一对角，而两个角反复切分和交织。

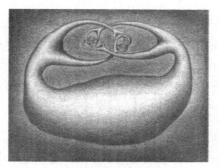

亚历山大的长角球面

完全数、盈数、亏数以及亲和数

如果 *n* 是一个整数，则它的约数（包括 *n* 本身）之和记为约数和 σ(*n*)。比如，

$$\sigma(24)=1+2+3+4+6+8+12+24=60$$

约数和是一个非常古老的趣味数学游戏（寻找完全数）的关键。如果一个数小于其"真"约数（不包括那个数本身）之和，那它就是**盈数**。如果一个数大于这样的和，它就是**亏数**。如果等于那个和，它就是**完全数**。用约数和表示的话，这些条件分别是

$$\sigma(n) > 2n \quad \sigma(n) < 2n \quad \sigma(n) = 2n$$

在这里，我们看到的是 2*n*，而不是 *n*，因为 σ(*n*) 还包含 *n* 本身。这样做后，公式 σ(*mn*)=σ(*m*)σ(*n*) 会在 *m* 和 *n* 没有大于 1 的公因子时成立。

很多数都是亏数；例如，10 有真约数 1, 2, 5，其和为 8。盈数较少：12 有真约数 1, 2, 3, 4, 6，其和为 16。完全数非常少，前几个是：

$$6=1+2+3$$

$$28=1+2+4+7+14$$

以及496和8128。欧几里得在这些完全数中发现了一个模式：他证明了，每当 2^p-1 是质数时，数 $2^{p-1}(2^p-1)$ 就是完全数。很久之后，欧拉证明了每个**偶**完全数都必定是这种形式。形为 2^p-1 的质数被称为梅森质数（参见《数学万花筒（修订版）》第146页）。

我们尚不知道是否存在奇完全数；不过，卡尔·波梅伦斯给出了一个不严格但合理的论证，表明它们不存在。有一个严格的证明指出，如果存在奇完全数，那它必定至少是 10^{300}，有至少75个质因子，并且最大的质因子一定大于 10^8。

一个与之相关且同样古老的数学游戏是寻找**亲和数**对，其中每个数等于另一个数的真约数之和。也就是说，

$$m = \sigma(n) - n$$
$$n = \sigma(m) - m$$

因此，$\sigma(n) = \sigma(m) = m + n$。例如，220的真约数是1, 2, 4, 5, 10, 11, 20, 22, 44, 55, 110，加起来等于284；284的真约数是1, 2, 4, 71, 142，加起来等于220。接下来的几个亲和数对是(1184, 1210), (2620, 2924), (5020, 5564)和(6232, 6368)。

在所有已知的例子中，亲和数对中的数要么都是偶数，要么都是奇数。每个已知亲和数对至少有一个公因子，尚不知道是否存在没有公因子的亲和数对。如果存在这样的亲和数对，那它们的积至少是 10^{67}。

如果一个整数能整除它的约数和，则该整数是**多重完全数**，得到的商是"重数"。在这里，是否包含这个数本身不会造成大的影响；如果不包含这个数本身，则重数会减少1。但通常我们是包含的。如果我们包含这个数本身，则普通的完全数有重数2，三重完全数有重数3，依此类推。最小的三重完全数是120，由罗伯特·雷科德在1557年发现，其约数和是

$$1+2+3+4+5+6+8+10+12+15+20+24+30+40+60+120=360=3\times120$$

下面是部分已知的多重完全数。（数之间的点表示"乘号"。）

数	发现者	发现日期
三重完全数		
$2^3.3.5$	罗伯特·雷科德	1557
$2^5.3.7$	皮埃尔·德·费马	1636
$2^9.3.11.31$	圣科瓦的安德烈·朱莫	1638
$2^8.5.7.19.37.73$	马兰·梅森	1638
四重完全数		
$2^5.3^3.5.7$	勒内·笛卡儿	1638
$2^3.3^2.5.7.13$	勒内·笛卡儿	1638
$2^9.3^3.5.11.31$	勒内·笛卡儿	1638
$2^8.3.5.7.19.37.73$	爱德华·卢卡	1891
五重完全数		
$2^7.3^4.5.7.11^2.17.19$	勒内·笛卡儿	1638
$2^{10}.3^5.5.7^2.13.19.23.89$	贝尔纳·弗雷尼克勒·德·贝西	1638
六重完全数		
$2^{23}.3^7.5^3.7^4.11^3.13^3.17^2.31.$	皮埃尔·德·费马	1643
$41.61.241.307.467.2801$		
$2^{27}.3^5.5^3.7.11.13^2.19.29.31.$	皮埃尔·德·费马	1643
$41.43.61.113.127$		
七重完全数		
$2^{46}(2^{47}-1).19^2.127.3^{15}.5^3.7^5.$	艾伦·坎宁安	1902
$11.13.17.23.31.37.41.43.$		
$61.89.97.193.442151$		

꧁ **射箭练习** ꧂

罗宾汉和塔克修士进行射箭练习。箭靶是一系列同心环，分别处在半径为1, 2, 3, 4, 5的同心圆之间。（最里面的圆算作一个环。）

箭靶

塔克修士和罗宾汉都射出数箭。

"你的箭都比我的更接近靶心。"塔克沮丧地说。

"要不怎么我是这群好汉的头呢。"罗宾汉一针见血。

"但从积极的一面来看，"塔克说，"我射中的环的总面积与你射中的环的总面积相同。这使得我们射得同样精确，对不对？"

自然，罗宾汉指出了他的谬误……但这两个箭手分别射中了哪些环？（一个环可能被多次射中，但在算面积时，它只能算一次。）

加分题1：要使上述问题有两个或以上不同答案，箭靶上最小需要多少个环？

加分题2：若每个射手射中的环各自是相邻的，即在被射中的环之间不存在没被射中的环，则要使前述问题有两个或以上不同答案，箭靶上最小需要多少个环？

详解参见第281页。

科罗拉多·史密斯：失落的草席

勇敢的冒险家和寻宝者科罗拉多·史密斯，以根本不像考古学家的身手避开了一阵箭雨，然后掏出他父亲的破旧笔记本，查看上面的粗略图示。

"吃饭和睡觉的女神喂吾喂吾的圣殿，"他读道，"由64个同样大小的方形垫子构成，这些垫子里面填充着鸵鸟毛，排成一个8×8矩阵。喂吾喂吾的五个化身，用塞得满满的编织物代表，需要被放在一些垫子上，使得它们能够'控制'所有其他垫子：也就是说，其他每个垫子都必须与某个被化身占据的垫子处在同一条直线上。这条直线相对于该矩阵可以是水平的、垂直的或斜向45度的。"

"当心！"他的助手布琳希德大声警示，随即躲到在石头大祭坛下面。

"要是我，我不会躲到那里。"说着，史密斯一把将她拽了出来，恰好赶在祭坛的支撑腿被炸得粉碎，重达十吨的石块砸到地上之前。"现在，父亲的笔记本里提到了——嗯？草席（mat）仪则？"

"玛亚特（ma'at）是古埃及正义和真理的女神，"布琳希德指出，"但这座神庙是勃玛拉亚人的呀。"

"确实。所以不会是玛亚特……不，这肯定是草席仪则。看上去应该是女神躺在草席上，周围环绕着她的化身。我们需要给神圣的草席留出空间，它是方的。嗯……可能就像**这样**。"

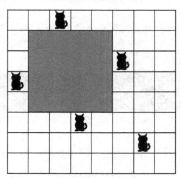

像这样摆放五个化身和喂吾喂吾的草席？

"这似乎相当容易，"布琳希德说，"我们**还**需要做什么？"

史密斯悄悄地从她头发上取下一只致命的蝎子，小心不让她注意到。"嗯，我们需要这样摆放化身，从而给方草席留出尽可能大的空间。记住，化身必须控制所有其他垫子。我觉得我们可以做得比我刚才画的更好。"

"不过，这些古代祭司很狡猾。"布琳希德说。她努力让自己忽视外面越来越近的恐怖叫喊声，开始开动脑筋。如果他们能解出神圣草席之谜，他们就可以接下去解决装在罐子里的睡鼠之谜。然后只要再解决17道谜题，他们就能找到宝藏了。"草席的边必须与垫子的边平行吗？还是它可以**倾斜**？"

"我在《第九次生命之书》的999页内容里没有看到过禁止这样做，"史密斯说，"唯一的限制条件是，草席不能与化身所在的垫子重叠。草席的边与垫子的边可以相接，但绝不能重叠。"

在不打破神圣仪则的前提下，草席的面积怎样才能最大？

详解参见第282页。

月有阴晴圆缺

在阴历的一个朔望月中，月相由亏至盈，再由盈至亏，经历的各个阶段有特定的名字。

| 朔 | 娥眉月 | 上弦月 | 盈凸月 | 望 | 亏凸月 | 下弦月 | 残月 | 晦 |

在英文中，"上弦月"和"下弦月"分别称为"first quarter"和"third quarter"，这是因为它们出现在阴历朔望月的四分之一和四分之三处。在

这些时候，可见部分是月球被照亮部分的一半，而不是四分之一。不过在一个朔望月中，确实有两个时刻，可见部分恰好是满月时的四分之一。

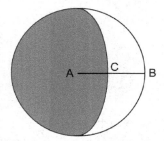

什么时候月牙的面积是满月时的四分之一？

❑ 当这种情况发生时，月牙的宽度CB是半径AB的几分之几？

❑ 这种情况出现在朔望月里的什么时候？

为了简化其中的几何，假设月球是一个球体，月球（绕着地球）的公转轨道和地球（绕着太阳）的公转轨道是处在同一平面上的两个圆，两个球体都做匀速运动。由此，朔望月的长度也是固定的。再假设太阳离得很远，使得它发出的光是平行的；同时月球也足够远，使得从地球上看到的它的图像是通过平行投影获得的——仿佛月球上的每一点都沿着一条与屏幕成直角的直线被投射到这个屏幕上。（然而，你需要用一个小得多的月球代替真正的月球，否则它的图像将有3474千米宽。）

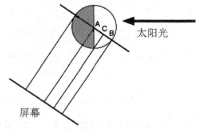

月球的特征平行投影到屏幕上

这些假设并不成立，但它们是很好的近似，而如果没有这些假设，实际的几何会复杂很多。

详解参见第282页。

᷐ᷜᷜ 证明的技巧 ᷐ᷜᷜ

- □ 诉诸矛盾："这个命题与牛顿理论的一个已知结论矛盾。"
- □ 诉诸元矛盾："我们要证明存在一个证明。为此，假设这样的证明不存在……"
- □ 诉诸拖延："我们会在下周证明这个。"
- □ 诉诸循环拖延："正如我们在上周证明的……"
- □ 诉诸无限期拖延："正如我上周所说，我们会在下周证明这个。"
- □ 诉诸恐吓："傻瓜都能看出来，证明显而易见是平凡的。"
- □ 诉诸延迟的恐吓："傻瓜都能看得出，证明显而易见是平凡的。""但是，教授，您确定吗？"离开半小时，回来后说："是的。"
- □ 诉诸虚张声势："这不言而喻。"在研讨会和会议上非常有效。
- □ 诉诸信誓旦旦的虚张声势：更累人，但也更有效。
- □ 诉诸过分乐观的引证："毕达哥拉斯已经证明，两个立方数之和不可能也为立方数。"
- □ 诉诸个人信念："我深信四元拟曼德尔布罗集是局部不连通的。"
- □ 诉诸无法想像："我想不出任何它为假的理由，所以它必定为真。"
- □ 诉诸将来的引用："我关于四元拟曼德尔布罗集是局部不连通的证明将出现在一篇即将发表的论文中。"在进行了这种引用后，论文本身往往没有看上去的那么有可能"即将发表"了。
- □ 诉诸示例："我们要证明$n=2$，所以令$2=n$。"

- ❑ 诉诸无视："其他142种情况是类似的。"
- ❑ 证明外包："证明细节留给读者。"
- ❑ 命题外包："正确定理的表述留给读者。"
- ❑ 诉诸难以卒读的记号："如果你读完了接下来密布公式（用到了六种字母表）的500页内容，你就会明白为什么它必定成立。"
- ❑ 诉诸权威："我在食堂遇见了约翰·米尔诺，他说他认为它很可能是局部不连通的。"
- ❑ 诉诸个人交流："四元拟曼德尔布罗集是局部不连通的（米尔诺，个人交流）。"
- ❑ 诉诸不具名的权威："众所周知，四元拟曼德尔布罗集是局部不连通的。"
- ❑ 诉诸发毒誓："如果四元拟曼德尔布罗集不是局部不连通的，我就打扮成猩猩从伦敦桥上跳下去。"
- ❑ 诉诸旁征博引："四元拟曼德尔布罗集的局部连通性可通过对特征大于11的除环上的非紧致无穷维拟流形应用乳酪汉堡和薯条方法得到证明。"
- ❑ 诉诸化简为错误问题："为了证明四元拟曼德尔布罗集是局部不连通的，我们将它化简为毕达哥拉斯定理。"
- ❑ 诉诸无法访问的引用："四元拟曼德尔布罗集是局部不连通的一个证明，可以很容易地从Pzkrzwcziewszczii个人出版的论文集中找到。该论文集构成了《南列支敦士登女子编织社1831年论文集》校样的卷1.5，之后全部印数都被化浆。"

转念一想

"这个证明只需一行——只要我们从左边足够远的地方开始写起。"

杜德尼如何钻劳埃德的空子

在《数学狂欢节》一书中，趣味数学大师马丁·加德纳告诉我们："当一道谜题被发现存在重大缺陷（答案是错的，答案不存在，或者与作者声称的相反，答案不唯一或存在更好的答案）时，我们就说这道谜题容易被钻空子（cooked）。"加德纳举了几个例子，其中最简单的是他在一本儿童读物中介绍的一道谜题。在数字矩阵

$$
\begin{matrix}
9 & 9 & 9 \\
5 & 5 & 5 \\
3 & 3 & 3 \\
1 & 1 & 1
\end{matrix}
$$

中圈出六个数，使得圈出的数的总和等于21。加德纳的答案、为什么他需要钻谜题的空子，以及他的一位读者又如何钻了他的空子，可参见第284页。这两个新的答案被加德纳称为钻文字空子，因为它们利用了问题表述不严谨的漏洞。

加德纳还提到了另一个更严肃的钻空子的例子，涉及19世纪末20世纪初制谜界的一时瑜亮：山姆·劳埃德与亨利·欧内斯特·杜德尼。这里的问题是：将一个法冠（正方形缺了形为三角的四分之一）切成尽可能少的块，使得它们可以重新拼成一个完整的正方形。劳埃德的答案是切出两个小三角形，然后将剩下部分切成"楼梯"构造——总共切成四块。

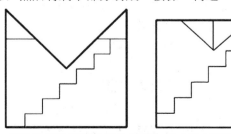

劳埃德将法冠切成四块并使之拼成正方形的尝试

在劳埃德在《数学趣题大全》中公布他的答案后，杜德尼在其中发现了一个错误，并找到了一个切成五块的正确答案。现在，一个简单的问题是：劳埃德错在了哪里？而更难的问题是订正这个错误。

详解参见第284页。

钻水管的空子

说到钻文字空子，我想起了一道在《数学万花筒（修订版）》（第193页）里提到的谜题，当时那道谜题的答案是"无法做到"。但现在我想得到一个不同的答案，因为这次我将允许钻任何文字空子。

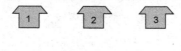

把房子连接到公用事业公司，且连接不可交叉

有三幢房子需要接到供水、供电和供气的三家公用事业公司。每幢房子都需要接到**所有三家**公司。你能不使连接交叉而做到这一点吗？

（必须在"平面上"做——无法通过管道或线缆的上方或下方。也不允许将线缆穿过房子或公用事业公司。）

实际上，我本该说："也不允许将线缆**或管道**穿过房子或公用事业公司。"我想这一点在上下文中是很清楚的，但以防万一你也这样想，还是表述得更严谨点好。

详解参见第284页。

天体共振

1610年，伽利略·伽利莱利用刚发明的望远镜发现木星有四颗卫星（现在分别称为木卫一、木卫二、木卫三和木卫四）。现在天文学家知道，木星至少有63颗卫星，不过其他卫星都比这四颗伽利略卫星小很多（事实上，有些非常小）。伽利略卫星绕木星公转一周的时间（以天计）分别为1.769, 3.551, 7.155和16.689。这些数值得注意的一点是：每个数大约是前一个数的两倍。事实上，

$$3.551/1.769=2.007$$
$$7.155/3.551=2.015$$
$$16.689/7.155=2.332$$

前两个比例非常接近于2，第三个则偏离较大。

前三个周期之间的简单数值关系并非出于巧合：它们源自某种动态的**轨道共振**——由于其轨道周期之比是小的整数，两颗卫星或行星会相互施加引力影响。通常情况下，这种影响会导致不稳定的互动。但在有些情况下，结果是稳定的，比如木卫三、木卫二和木卫一是4:2:1共振。这时它们不会受到附近其他天体，比如木星的其他卫星的影响。这个比例是相关两颗卫星的轨道周期之比（在相同时间里它们公转的圈数则要反过来，即1:2:4）。

太阳系内主要天体的一些轨道共振有：

- ❑ 冥王星–海王星：3:2（公转周期分别为90 465天和60 190.5天）
- ❑ 土卫三–土卫一：4:2（1.887天和0.942天）
- ❑ 土卫四–土卫二：2:1（2.737天和1.370天）
- ❑ 土卫七–土卫六：4:3（21.277天和15.945天）

上述天体，除冥王星和海王星外，都是土星的卫星。*

在考虑共振时，需要意识到**任何**比例都可由精确分数近似得到，并且可能存在一些"偶然共振"，这时相关的两条轨道之间不存在动力学影响。上面提到都是真正的共振，会表现出诸如"近日点进动"（天体的轨道因受到其他引力影响而发生变动，但变动后的轨道的近日点保持不变）等特征。通过搜索天文数表，我们可以发现以下一些偶然共振：

- ❏ 地球–金星：13:8
- ❏ 火星–金星：3:1
- ❏ 火星–地球：2:1
- ❏ 木星–地球：12:1
- ❏ 土星–木星：5:2
- ❏ 天王星–木星：7:1
- ❏ 海王星–天王星：2:1

有些重要的真正的轨道共振发生在小行星身上。小行星是比行星小得多的天体，大部分位于火星和木星轨道之间的小行星带。与木星的共振导致小行星在距离太阳的特定位置"聚集成带"，而在之间留下空隙。†在与木星轨道的比例为2:3, 3:4和1:1的轨道上存在超过平均数的小行星（分别称为希尔达群、图勒群和特洛伊群），因为共振使得这些轨道是稳定的。与此相反，比例为1:3, 2:5, 3:7和1:2的轨道不稳定，较弱的共振导致小行星偏离了这些轨道。因此，在这些位置上（称为柯克伍德空隙）小行星数目极少。

---

* 从2006年起，国际天文学联合会不再将冥王星视为一颗"行星"，而称它为"矮行星"或"类冥天体"。不过，并非所有天文学家都赞同这一改动。

† 这里的"聚集"并没有像在《星球大战》中那样密集。事实上，如果你站在一颗典型的小行星上，环顾四周试图寻找最近的一颗小行星，那它将会在大约160万公里之外。所以无从上演激动人心的追逐戏。

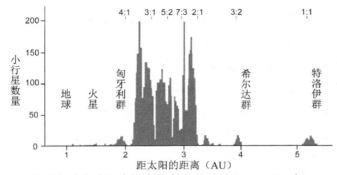

柯克伍德空隙和希尔达群（1 AU=149 597 870 700米）

　　类似的效应也出现在土星环中。例如，卡西尼环缝源自与土卫一的2:1共振，共振把尘埃都扫除了出去。类似地，A环的外边缘之所以没有变模糊，是因为它得到了与土卫十的6:7共振的维持。

　　最怪异的共振之一出现在海王星环中，其比例为43:42。尽管数很大，但它似乎是个真正的共振。海王星的亚当斯环是一个狭窄但完整的环，并且其中有些区域比其他区域要密集得多，所以密集的区域构成了一系列短的环弧。问题是如何解释这些弧在环上的分布，而答案可能就在于与海卫六（它的轨道在亚当斯环内）的43:42共振。这些弧应该位于与共振相关的84个均衡点（它们构成了一个正84边形的顶点）的部分点上。这也得到了"旅行者二号"探测器所拍摄照片的支持。

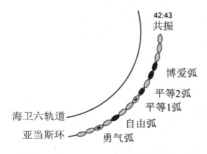

亚当斯环的局部（环弧用黑色表示）

共振并不局限于卫星和行星的公转轨道。月球始终将同一面朝向我们地球，所以"背面"我们一直看不到。（尽管月球会轻微摆动，但其背面的82%区域在地球上始终无法看到。）这是因为月球绕轴自转的周期与绕地球公转的周期的比例为1:1。这被称为潮汐锁定。而在轨道离心率较大、潮汐力相对较弱的情况下，较小的天体最终可能会产生自转轨道共振，而非潮汐锁定。一个著名的例子是水星。过去人们以为水星也与我们的月球一样，所以朝向太阳的一面非常热，而另一面非常冷。但事实证明这是错误的，这部分源于行星靠近太阳时难以观测以及当时望远镜所看到水星表面缺乏标识。事实上，水星的公转周期和自转周期分别是87.97天和58.65天，比例为1.4999，所以正好是一个3:2共振。

天文学家现在知道，太阳系外的很多恒星也有行星；事实上，自1989年探测到首个系外行星以来，目前总共已发现了344个这样的行星。[*]而例如，恒星Gliese 876的两颗行星（称为Gliese 876b和Gliese 876c）是2:1共振。系外行星的探测通常是通过其作用在母星上的（微小）引力效应，或者其经过恒星表面时引致的恒星亮度的变化。但在2007年，人们首次通过望远镜得到了系外行星的图像，这颗行星绕着一颗名为HR8799的恒星运转。[†]这里的主要困难是，来自恒星的光掩盖了行星反射的光，所以人们需要利用多种数学技术"剔除"恒星的光。（2009年初，人们发现可以用类似的图像处理技术从一张哈勃望远镜1998年拍摄的恒星照片中抽取出其中一颗恒星，但这是题外话了。）但这里的要点是，这种三行星系统的动力学是不稳定的，所以我们本不太可能观察到它们，除非它们是4:2:1共振。由此可得到一个重要结论，这样的共振提高了其他稳定的行星系统存在的概率。它或许也提高了外星生命存在于宇宙某处的概率。

---

[*] 数据截至2009年4月1日。最新进展可参见：www.exoplanet.eu

[†] 这个编号来自《耶鲁天文台亮星星表》。前缀HR表示更早的《哈佛测光星表修订版》，耶鲁亮星星表中的大部分恒星都继承自这里。

关于轨道共振，一个很好的网页是

en.wikipedia.org/wiki/Orbital_resonance

其中包含一个长长的"偶然"共振列表、对所涉及动力学的更详细解释，以及一个木星卫星1:2:4共振的动画。还有一个表现行星的引力如何导致恒星位置"晃动"的动画可见于

www.gavinrymill.com/dinosaurs/extra-solar-planets.html

计算器趣题2

数0588235294117647有什么特别之处？（打头的零在这里并不是可有可无。）试着将它乘以2, 3, 4, 5, 6, 7, 8, 9, 10, 11, 12, 13, 14, 15和16，你就明白了。你需要一个能处理16位数的计算器或软件，尽管我发现使用人脑和纸笔也可以相当不错地完成这个任务。

当你将它乘以17时会发生什么呢？

详解参见第285页。

哪个大？

e^π和π^e哪个大？

它们出人意料地相当接近。回想一下，$e\approx2.718\,28$，$\pi\approx3.141\,59$。

详解参见第286页。

❧ **无穷级数** ❧

它们听上去就像是童年噩梦，但无穷级数是最重要的数学发明之一。当然，你无法通过无限长的计算来算得这些和，但在概念上，它们给出了许多强大的实用方法，使得数学家和科学家可以计算他们想知道的。

早在18世纪，数学家开始应对（但常常是**无法**应对）无穷级数不无悖论的行为。他们乐于处理像下面这样的和

$$1+\frac{1}{2}+\frac{1}{4}+\frac{1}{8}+\frac{1}{16}+\frac{1}{32}+\cdots$$

（在这里，…意味着级数永不停止。）他们也乐于见到这个和恰好等于2。事实上，如果令和为s，则

$$2s=2+1+\frac{1}{2}+\frac{1}{4}+\frac{1}{8}+\frac{1}{16}+\cdots=2+s$$

所以$s=2$。

然而，像下面这样表面上看人畜无害的级数

$$1-1+1-1+1-1+\cdots$$

却完全是另一回事。如果像这样加上括号：

$$(1-1)+(1-1)+(1-1)+\cdots$$

它化简为$0+0+0+\cdots$，结果肯定为0。但如果像**这样**加上括号：

$$1+(-1+1)+(-1+1)+(-1+1)+\cdots$$

它则变成$1+0+0+0+\cdots$，结果肯定为1。（之所以在括号前面额外加上+号，是因为–号具有双重职责：既可作为减号，又可表示负数。）伟大的欧拉通过使用我们求第一个级数时的相同技巧，令和为s，并对级数进行操作，得到了一个关于s的方程：

$$s=1-1+1-1+1-1+\cdots$$
$$=1-(1-1+1-1+1-1+\cdots)=1-s$$

因而他提出，其实$s=1/2$。

这是个很好的折中，但在当时，欧拉的提议只是让原本已够混乱的局面更加不堪。第一个令人满意的答案是区分**收敛**级数（它会越来越趋近于某个具体的数）和**发散**级数（它不会趋近于某个具体的数）。例如，对第一个级数，我们逐步求和，会得到以下数

$$1, \quad \frac{3}{2}, \quad \frac{7}{4}, \quad \frac{15}{8}, \quad \frac{31}{16}, \cdots$$

它们会越来越趋近于2（且**只**会趋近于2）。所以这个级数收敛，其和为2。然而，第二个级数逐步求和，得到的一系列和是

$$1, \quad 0, \quad 1, \quad 0, \quad 1, \cdots$$

它们上下跳跃，但永远不会趋近于任何具体的数。因此，这个级数是发散的。数学家对发散级数一直避而远之，因为它们不能通过标准代数法则来可靠地加以处理。收敛级数更好处理，但它们有时处理起来也要非常小心。

在很久之后，人们发现可以通过一些巧妙的"求和法"为特定发散级数赋予一个有意义的和，使得标准代数法则在适当变化后能够适用。这些方法的关键是对级数重新加以诠释。我不会在这里讨论其技术细节，只想指出一点，欧拉那个有争议的1/2可以在这样一个背景下得到认可。而在天文学上，另一种思路给出了一种称为"渐近级数"的理论，可用它来计算行星等的位置，哪怕相关的级数是发散的。这些思想在科学的其他领域也被证明非常有用。

由此，我们可以得到的第一个启示是，每当数学上的一个传统概念被推广到一个新的领域时，有必要问问原本预期的性质是否依然成立，而答案往往是"有些成立，有些不成立"。第二个启示是，不要因为它不奏效就轻易放弃一个好的想法。

非同寻常的证明

伟大的胡杜尼在格鲁佩丽娜的协助下凭空变出一根软绳，并在绳上打了个结。隔一小段距离，他又打了个结。最后他用双手分别握住绳的两端，晃一下绳子——然后绳结消失了。

在数学上，这似乎是显而易见的。第二个结必定是第一个结的相反结，这样结和相反结会相互抵消。对吗？

不对。因为拓扑学家知道，没有相反结这回事。

诚然，有些看似非常复杂的结事实证明其实根本没有打结。但那是另一回事。如果绳的两端被粘在一起或被固定住，使得结不能滑脱，你终究无法将一段绳子打上两个显然相互分开的真结（无法解开的结），然后再把它变成一段没有结的绳子。

拓扑学家不仅知道这一点，还能证明它。最初的证明相当复杂，但最终有人发现了一个证明——非常简单，也非同寻常。看到它时，你很可能都不敢相信自己的眼睛，尤其是在我们刚刚看过无穷级数不无悖论的性质之后。

数学上的纽结是空间里的一条闭曲线，而如果它不能通过连续变换变成一个圆（未打结的闭曲线的原型），那它就是真正打了结。现实中的结打在有末端的绳上，而我们能够打结的唯一原因正在于，绳的末端可以穿过环来打出结。然而，这种"结"的拓扑学并不那么有趣，因为它们总是能被解开。所以数学家需要重新定义结，以避免结会从绳的两端滑脱。将两端粘在一起是一个办法，另一个办法是将结放在一个框中，并将绳的两端固定在框壁上。如果绳子始终在框内，结就不会从两端滑脱。（框可以是任意尺寸和形状，只要其拓扑等价于矩形。事实上，任何边不相交的多边形都可以。）这两个方法等价，但后者更适合这次的证明。

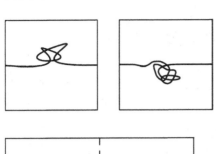

固定在框中的两个纽结……

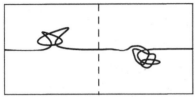

……以及如何将它们加到一起

如果你在两段单独的绳上分别打上纽结 K 和 L，那你可以通过将绳的末端连起来而把它们"加"到一起。不妨称得到的结果为 $K+L$。一段没有纽结的绳子可以合理地用0表示，因为 $K+0$ 拓扑等价于 K。通过用等号来表示拓扑等价，我们可以将这个式子写成 $K+0=K$。通常的交换律和结合律可被证明也适用于此：

$$K+L=L+K, \quad K+(L+M)=(K+L)+M$$

结合律的证明很简单，交换律的证明则要费些脑筋。

现在，我们可以看出为什么胡杜尼的把戏必定是个把戏了。他**看上去像**打了两个可以互相抵消的纽结 K 和 K^*。如果 K 和 K^* 可以相互抵消，则

$$K+K^*=0=K^*+K$$

（我很想用 $-K$ 代替 K^*，因为它们作用相同，但这样的话，记法会有点乱。）

这里非同寻常的想法是，考虑**无穷**纽结

$$K+K^*+K+K^*+K+K^*+\cdots$$

然后像这样加上括号：

$$(K+K^*)+(K+K^*)+(K+K^*)+\cdots$$

我们得到 $0+0+0+\cdots$，它在拓扑以及代数意义上都等于0。但如果像这样

加上括号：

$$K + (K^* + K) + (K^* + K) + (K^* + K) + \cdots$$

我们得到$K+0+0+0+\cdots$，它在拓扑以及代数意义上都等于K。因此，$0=K$，所以K一开始就不是真结。

在上一篇中，我们看到这个论证对于数来说并不合法，这也正是这种证明看上去非同寻常的原因。然而事实证明，通过一些技术处理，这一论证对于纽结来说**是**合法的。你只需用越来越小的框来定义无穷纽结的"和"。如果这样做的话，和会收敛到一个定义良好的纽结。对括号的处理是正确的。我没有说这显而易见，但对于一位拓扑学家来说，这确实如此。

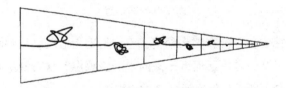

在一个由无穷多个不断缩小的梯形框构成的三角形内的一个非驯纽结

像这样的无穷纽结称为非驯纽结（wild knots）；顾名思义，它们狂放不羁，处理起来要非常小心。数学家雷蒙德·怀尔特发明了一类特别反常的扭结。想必你能猜出它们叫什么——Wilder knots。

科罗拉多·史密斯 2：太阳神殿

史密斯和布琳希德一路披荆斩棘，穿过永恒火焰坑、恐怖鳄鱼阱、邪恶毒蛇谷，终于来到鹦鹉热四世太阳神殿的内室。现在，他们站在神殿内廷的边上，可以稍微舒缓一下心情。内廷是一个由64块方砖组成的方阵，其中四块饰有金色的太阳圆盘。在他们身后，唯一的入口已被十二头大象重的纯金圆盘封住。

但对此他们已经习以为常。正如史密斯所说，"车到山前必有路"。

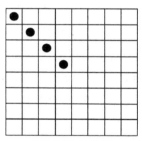

太阳圆盘的位置

布琳希德心里则没有这么踏实。也许是因为地震以及弥漫在空气中的呛人尘埃。又或是由远而近传来的水的轰鸣声？从石缝中爬出来的满地蝎子？还是不断逼近的布满尖刺的墙壁？

"**这**回我们该怎么做？"由于遇到这种情况的次数太多了，这句话她已能脱口而出。

"根据本特诺西失落纸草书的记载，我们必须把方阵分成四个互不重叠的连通区域，每个区域由16方块砖组成，并要求每个区域包括一块饰有太阳圆盘的方砖，"史密斯答道，"然后秘密出口便会打开，让我们进入藏宝侧室——那里放着我跟你说过的装满钻石和祖母绿的箱子。从那里，我们只需穿过地下迷宫，来到……"

"这看上去很容易嘛。"布琳希德说着，快速画出了一个解答。然后她注意到了史密斯的目光。"有什么问题吗，史密斯？"

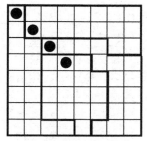

不是这样！

"嗯……根据本特诺西纸草书的一个晚期评论，即俄喜林库斯陶片上的一处铭记，这四个区域必须形状相同。"

"啊，这就要难多了。"布琳希德撕掉她的草图，满怀希望地望向史密斯，"我猜答案就在本特诺西纸草书中？"

"明显不在，"史密斯说，"它也不在陶片上，不论正面还是反面。"

"哦。那你觉得我们能赶在那块巨型花岗岩把我们压成纸片之前解出来吗？"

"什么花岗岩？"

"悬在我们头上、绳子还着了火的那块。"

"噢，那块花岗岩啊。奇怪，本特诺西纸草书可没有提到这些事情。"

你能帮助史密斯和布琳希德逃出生天吗？

详解参见第287页。

为什么我不能像做分数乘法那样做分数加法？

好吧，你想做就做吧，这是你的自由，只不过你不会得到正确答案。

在学校里，我们学过分数乘法的一种简单做法：分子与分子相乘，分母与分母相乘，就像这样：

$$\frac{2}{5} \times \frac{3}{7} = \frac{2 \times 3}{5 \times 7} = \frac{6}{35}$$

但分数加法的法则要复杂得多：先通分，然后分子做加减法。为什么我们不能像做分数乘法那样将它们相加呢？为什么

$$\frac{2}{5} + \frac{3}{7} = \frac{2+3}{5+7} = \frac{5}{12}$$

是错的？正确的做法应该是怎样呢？

详解参见第288页。

剧情反转

有时你刚说完某个数学想法说不通，有可能事实就证明它其实非常有用，并且完全说得通。尽管法则

$$\frac{a}{b} + \frac{c}{d} = \frac{a+b}{c+d}$$

不是做分数加法的正确方式，但正如地质学家老约翰·法里在1816年提出的，这仍是一种将两个分数**结合**起来的可能方式。他偶然得到一个想法，按数值大小顺次写出其分母b小于或等于某个具体数的所有分数a/b。这里的分数只允许介于0到1之间（包括0和1），所以$0 \leq a \leq b$。为了避免重复，他还要求分数是最简分数，也就是说，a和b没有（大于1的）公因子。例如，像4/6这样的分数不允许的，因为4和6有公因子2。它应由2/3替代，后者数值相同，但没有公因子。

由此得到的分数序列称为法里数列。下面是前几个例子：

$$b \le 1: \quad \frac{0}{1} \quad \frac{1}{1}$$

$$b \le 2: \quad \frac{0}{1} \quad \frac{1}{2} \quad \frac{1}{1}$$

$$b \le 3: \quad \frac{0}{1} \quad \frac{1}{3} \quad \frac{1}{2} \quad \frac{2}{3} \quad \frac{1}{1}$$

$$b \le 4: \quad \frac{0}{1} \quad \frac{1}{4} \quad \frac{1}{3} \quad \frac{1}{2} \quad \frac{2}{3} \quad \frac{3}{4} \quad \frac{1}{1}$$

$$b \le 5: \quad \frac{0}{1} \quad \frac{1}{5} \quad \frac{1}{4} \quad \frac{1}{3} \quad \frac{2}{5} \quad \frac{1}{2} \quad \frac{3}{5} \quad \frac{2}{3} \quad \frac{3}{4} \quad \frac{4}{5} \quad \frac{1}{1}$$

法里注意到（但他无法证明），在任意这样的数列中，位于 a/b 和 c/d 之间的分数正是 $(a+b)/(c+d)$。例如，在1/2和2/3之间是3/5，它是(1+2)/(2+3)。奥古斯丁-路易·柯西在他的《分析与数学物理习题集》中给出了一个证明，并将这一想法归功于法里。但其实，查尔斯·哈罗斯早在1802年就发表了类似想法，只可惜没被人注意到。

因此，尽管你不能以这种方式将两个分数**相加**，但这个公式自有其用处。我们可以定义**中间数**

$$\frac{a}{b} \oplus \frac{c}{d} = \frac{a+b}{c+d}$$

只要这里的分数是最简分数。不是最简分数会产生这样一个问题：同一个分数的不同形式会给出不同的结果。例如，

$$\frac{1}{2} \oplus \frac{1}{3} = \frac{2}{5}, \quad 但 \frac{1}{2} \oplus \frac{2}{6} = \frac{3}{8}$$

两个结果不相同。

法里数列在数论中有广泛应用，其身影也见于混沌理论。

☙ 资源整合 ❧

爱丽丝和贝蒂的市场摊位毗邻，两人都出售廉价塑料手镯。每人有30只手镯。爱丽丝的定价是10英镑两只，贝蒂的定价是20英镑三只。因此，如果她们卖光了所有手镯，她们总共能收入150+200=350英镑。

由于担心恶性竞争，她们决定整合她们的资源，并决定，既然一边是10英镑两只，另一边是20英镑三只，合并后就应该是30英镑五只。如果她们以这个价格卖光了60只手镯，她们总共能收入360英镑，比之前多赚10英镑。

而在对面，克莉丝汀和达芙妮也在卖手镯，也各有30只手镯可出售。克莉丝汀本想定价10英镑两只，达芙妮则打算打价格战，10英镑三只。在听说爱丽丝和贝蒂的做法后，她们也决定要把资源整合起来，并把价格定在20英镑五只。

这是个好主意吗？

详解参见第289页。

☙ 自我复制瓷砖 ❧

自我复制瓷砖（rep-tile）是指平面上的这样一种图形，它可被切分成若干相同的副本，每个都与原始图形形状相同但尺寸更小。这些副本允许邻接，但不允许重叠。如果这样的多边形有s条边，并被切分成c个副本，则称它为rep-c s边形。现在已知多种自我复制四边形瓷砖。其中大多数是rep-4，但对于每个k，都存在rep-k四边形。

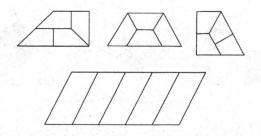

自我复制四边形瓷砖。如果其中平行四边形的边长为1和$\sqrt{k}$，则它是rep-k四边形

每个三角形（三边形）是rep-4。有些特殊三角形是rep-3或rep-5。

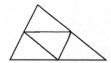 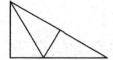 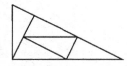

自我复制三边形瓷砖。第一个三角形可以是任意形状。第二个三角形边长为1（垂直）和$\sqrt{3}$（水平）。第三个三角形边长为1（垂直）和2（水平）

目前只发现了一种自我复制五边形瓷砖：狮身人面像。它需要四个副本。已知还有一种独特的rep-5三边形（三角形）以及恰好三种rep-4六边形。

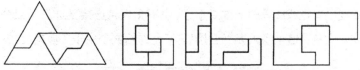

唯一的rep-4五边形（狮身人面像）以及三种已知的rep-4六边形

还有一些自我复制瓷砖把"多边形"的概念推向了极致。有些甚至更进一步，具有无穷多条边——嗨，我们需要持开放的态度，不是吗？

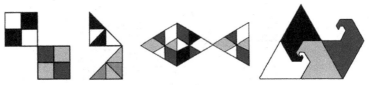

更奇特的自我复制瓷砖

前面第一个图中的第一个rep-4四边形其实也是rep-9。你能将它切分成它自己的九个副本吗？就我所知，每个已知的rep-4瓷砖也是rep-9，但对此尚未有证明。

详解参见第290页。

✑✎✐ **钻环面的空子** ✐✎✑

现在，我要第三次抬出公用事业谜题（参见第109页以及《数学万花筒（修订版）》第193页），并赋予它一个新的反转——隐喻意义上的以及字面意义上的。

有三幢房子需要接到供水、供电和供气的三家公用事业公司。每幢房子都需要接到**所有三家**公司。你能不使连接交叉而做到这一点吗？假设无法通过管道或线缆的上方或下方。也不允许将**连接**穿过房子或公用事业公司。注意：这里说的是"连接"。不允许钻文字空子（参见第108页）！

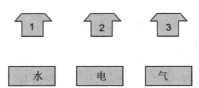

在环面和莫比乌斯带上按要求把房子连接到公用事业公司

那这次有何不同？我没要求你在**平面**上完成，而是要你尝试在环面（隐喻意义上的"反转"）或莫比乌斯带（字面意义上的"反转/扭转"）上完成。环面是有一个洞的曲面，就像甜甜圈。莫比乌斯带是将一条纸带扭转180度后再将其两端接在一起而得到的（参见《数学万花筒（修订版）》第109页）。

顺便一提，数学家将像莫比乌斯带这样的曲面看作是没有厚度的，所以公用事业公司、房子和它们之间的连线是在曲面**里**，而不是在其**上**。但一张真正的纸实际上有两个不同的面，彼此非常接近。所以你可以把纸看成是透明的，或者想像连线是用可渗进纸里的墨水画在纸上，这样所有东西从纸的两面都能看到。*

如果你不使用这种约定，我的答案中的有些线就会落在莫比乌斯带的背面，而没有连接房子和公用事业公司。这时你是在试图解决这个问题在扭转了两次的圆柱带上的类比。而它拓扑等价于普通的圆柱带，特别是，它有两个不同的面。现在，这个问题是无解的。为什么无解？因为圆柱拓扑等价于平面上的**环形**——两个同心圆之间的区域。因此，在圆柱带上的任何解也是在平面上类似问题的解。但如果不钻空子的话（参见《数学万花筒（修订版）》第287页），平面上的类似问题无解。

详解参见第290页。

⌒⌒ **卡塔兰猜想** ⌒⌒

任何玩数的人很快都会注意到，连续整数8和9都是完全幂（当然，

---

* 除了在通过着色的方法来验证莫比乌斯带只有一个面时。这时墨水就**不会**渗进纸里。不然的话，一个普通的圆柱体也会只有一个面。由于可能遇到诸如这样的问题，数学家在讨论相关话题时不说"面"，而是说"定向"。

幂次大于1）。8是2的立方，9是3的平方。那么有没有其他正整数也具有这个属性呢，而不论它们连不连续？（幂次允许大于3，并且严格来说，0不是正整数，它是非负整数，所以这样排除了$1^m - 0^n = 1$。）1844年，比利时数学家欧仁·卡塔兰猜想，答案是否定的。也就是说，当a和b是大于或等于2的整数时，卡塔兰方程

$$x^a - y^b = 1$$

只有前述正整数解。他在克列尔的期刊*上写道："除了8和9，没有两个连续整数都是正整数的完全幂。换言之，方程$x^m - y^n = 1$有且只有一个正整数解。"

这个问题由来已久。菲利普·德·维特里（1291–1361）提出，2和3的幂中相差1的只有(1, 2), (2, 3), (3, 4)和(8, 9)。吉尔松尼德（Gersonides，1288–1344）对此给出了一个证明：若$m>2$，则$3^m \pm 1$总有奇质因子，因而不可能是2的幂。等到1738年，欧拉完全解出了方程$x^2 - y^3 = 1$的整数解，证明了唯一的正整数解是$x=3, y=2$。但卡塔兰猜想允许幂次大于3，所以这些早期结果不足以证明它。

1976年，罗伯特·泰德曼证明了卡塔兰方程只有有限个解。事实上，任何解都必须有$x, y < \exp\exp\exp\exp 730$，其中$\exp x = e^x$。然而，这个上限大得难以想象，特别是，大得无法通过计算机来排除所有其他潜在的解。1999年，莫里斯·米尼奥特证明了，在任何其他假想存在的解中，$a < 7.15 \times 10^{11}$且$b < 7.78 \times 10^{16}$，但这个上限对于计算机来说还是太大了。就在人们就要放弃希望的时候，2002年，罗马尼亚裔德国数学家普雷达·米哈伊列斯库用一个基于割圆数（1的复n次方根）的巧妙证明方法证明了卡塔兰是正确的。所以这个猜想现已被重新命名为米哈伊列斯库定理。

这个问题可推广到所谓的高斯整数，即实部和虚部都为整数的复数。

---

* 该期刊由奥古斯特·克列尔在1826年创立，正式名称是《纯数学与应用数学期刊》。

这时存在两个非平凡幂，其差为i，其中 $i = \sqrt{-1}$：

$$(78+78i)^2 - (-23i)^3 = i$$

就我所知，对应的猜想或其变体，即两个高斯整数幂相差1, −1, i或−i，仍有待解决。

关于此问题的历史和证明，可参见：

http://duch.mimuw.edu.pl/~zbimar/Catalan.pdf

平方根符号的起源

平方根符号

$$\sqrt{}$$

的样子看上去神秘兮兮，仿佛是出自古代炼金术手抄本的东西。它像是巫师会写下的那种符号，而包含这个符号的公式总是看起来令人印象深刻且神秘莫测。但它究竟从何而来？

在15世纪之前，欧洲学者在讨论数学时，一般使用radix（意为"根"）一词来表示平方根。等到中世纪晚期，他们将这个单词简写为其首字母，一个大写的R，并在其脚部加上一条短划：

$$R\!\!\!/$$

文艺复兴时期的意大利代数学家吉罗拉莫·卡尔达诺、卢卡·帕乔利、拉斐尔·邦贝利和塔尔塔利亚（尼科洛·丰塔纳）都用过这个符号。

符号√其实是变形的英文字母r。多么平淡无奇！它首次在出版物中出现是在克里斯托夫·鲁道夫在1525年出版的第一本德国代数教科书中，但在几个世纪后它才被广泛接受。

更多数学符号的历史，可参见：

www.roma.unisa.edu.au/07305/symbols.htm

∽⌒⌒ **熊出没注意** ⌒⌒∽

问：什么是（北）极熊？

答：它经坐标变换后就会成直角熊。

∽⌒⌒ **火腿三明治定理** ⌒⌒∽

这不是我瞎编的：这个定理就叫这个名字。它说的是，如果用两片面包片夹一片火腿做成一个火腿三明治，则有可能沿着某个平面切三明治，使得这三个组成部分恰好按体积平分。

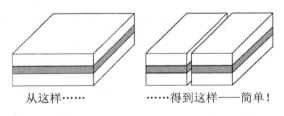

从这样……　　　　……得到这样——简单！

如果面包片和火腿排列整齐，构成规则的方形砖块，则这是相当显而易见的。但如果你意识到数学家在这里指的是**一般化**的面包片和火腿，而它们可能是任意形状的，这一点就不那么显而易见了。（不然的话，我们可能还需要证明奶酪三明治定理，诸如此类。越一般化，威力越大。）

数学家的火腿三明治

此外还有一些技术上的条件：具体而言，这三个组成部分不能复杂到无法具有定义良好的体积（参见《数学万花筒（修订版）》第158页）。作为补偿，不要求某个组成部分是连通的（也就是说，它是一整块）。而如果它不是连通的，此时只要求你将整坨（而不是每一组成部分）一分为二。不然的话，你是在试图证明火腿奶酪三明治定理，而这是不成立的——具体见下文。

火腿三明治定理的证明实际上相当棘手，主要会用到拓扑学。为了让你浅尝一下，下面我以一个较简单的情况为例，涉及二维空间里的两个形状——平面国的奶酪–吐司定理。

问题如下图所示：

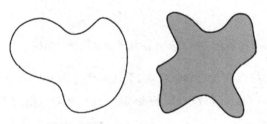

找到一条直线，将奶酪（白色）和吐司（灰色）按面积平分

下面证明这个问题有解。选一个方向，然后找出一条在那个方向上并将奶酪平分的直线。不难证明确实存在这样一条直线。

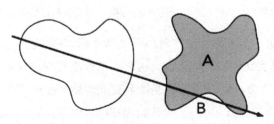

先找到一条在某个方向（以箭头表示）上并将奶酪平分的直线

当然，除非你运气很好，这条直线不会平分吐司，但它确实会分出A和B两个部分，其中A在箭头方向的左边，B在右边。（在这里，B包括在那一边的两小块。一般而言，A或B可能为空，但这不会影响到证明。）假设如前图所示，A比B面积大。

现在逐渐旋转你所选的方向，并在新的方向上找到一条将奶酪平分的直线。

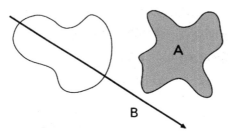

逐渐旋转直线，始终确保直线平分奶酪

最终你会将方向旋转180度。由于在那个方向上只有一条直线平分奶酪，所以这条直线必定与原来那条直线重合，只是箭头指向了另一个方向。

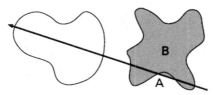

旋转180度后，直线刚好掉转方向，部分A和B互换位置

由于箭头指向了另一个方向，所以部分A和B互换了位置。一开始A大于B，所以现在B肯定大于A。（这两个部分没有变，只是标签A和B发生了互换。）然而，A和B的面积是随着直线的旋转而**连续**变化的。（这正是用到拓扑学的地方。）由于一开始面积(A)>面积(B)，而最终面积(A)<面积(B)，所以在这之间必定存在某个角度，使得面积(A)=面积(B)。（为

什么呢？因为面积(A)–面积(B)的差也是连续变化的，它一开始是正值，最终是负值。在这个过程中必定有某个时刻它为零。）这样就证明了平面国的奶酪–吐司定理。

这样的证明在三维情况下无效，但定理仍然是成立的。这似乎最早由斯特凡·巴拿赫、胡戈·施泰因豪斯等人在1938年证明。在n维中切成n份的定理则由阿瑟·斯通和约翰·图基在1942年证明。

下面是留给你的两道更简单的谜题，它们解释了一些限度。

❑ 证明并不总是能用一条直线平分平面上的三个区域。

❑ 证明火腿奶酪三明治定理不成立：并不总是能用一个平面平分空间中的四个区域。

详解参见第290页。

关于这个定理的更多内容以及一个证明的概要，可参见：

en.wikipedia.org/wiki/Ham_sandwich_theorem

暴脾气星上的板球

在地球上玩这种游戏的国度里，[*]当击球手在得到49分后被淘汰出局时，球迷们总是扼腕叹息，因为他错失了取得半百的大好机会。但这完全是一种以十进制观点看问题的方式。

暴脾气星上的居民便是一个很好的证明。说来也怪，当人类第一次接触到他们的文明时，我们发现他们非常热衷于板球。宇宙生物学家推测，暴脾气星人可能是在一次穿过太阳系的太空探索中接收到了我们的卫星电视节目。

---

[*] 他们的总人口远远超过了世界上玩棒球的国家的总人口。

得到49分后出局——恭喜！

　　不管怎样，每当一个暴脾气星击球手得到我们会写为49的分数时，观众们会欣喜若狂，击球手也会举起自己的球拍，兴奋地摆动他们的触手，就像我们挥拳致意一样。那么这是为什么呢？

　　详解参见第291页。

他的眼里只有数

保罗·埃尔德什

　　才华横溢的匈牙利数学家保罗·埃尔德什是位特立独行的人。他没有固定的学术职位，不置房产，而是喜欢周游世界，暂短借住在自己的同事和朋友之处。他发表的合著论文之多，可谓前无古人，后无来者。

他记得许多数学家的电话号码，会在世界上任何地方打电话给他们，而不论当地时间是什么时候。但他从来记不住任何人的名字——除了汤姆·特罗特，他总是称他为比尔。

一天，埃尔德什遇到一位数学家。"你来自哪里？"他问道。

"温哥华。"

"真的吗？那你肯定认识我的朋友埃利奥特·门德尔松。"

那人沉默了一会儿。"我就是你的朋友埃利奥特·门德尔松。"

多出的一块

"哇噢，拼图！"弟弟数学盲叫出声来，"我最爱拼图了！"

"这个很特别。"姐姐怕数学说，"它总共有17块，拼成一个正方形。我把它们放在一个正方形网格上，每一块的每个角正好对齐网格。"

"现在，"她接着说，"我要取走其中一个小方块，而你的任务是把其余16块仍拼成与原来大小一样的正方形。"

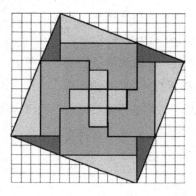

重新拼出同一个正方形，并使之多出一块

弟弟没看出这其中有什么矛盾之处。一个半小时后，他自豪地把答案交给了姐姐看。

他的答案是什么？他如何能拼出同样的正方形，而又多出一块呢？（提示：两者不可能真的完全相同。也许原来的"正方形"实际上不是正方形……）

详解参见第291页。

❦❦ 另一个椰子 ❦❦

一位数学家和一位工程师被困在一个荒岛上。岛上有两棵椰子树：一棵很高，另一棵矮很多。每棵树的树顶都有一个椰子。

工程师决定趁现在还有气力，尝试摘下高树树顶那个更难摘的椰子。他爬上树，浑然不顾腿上擦破了皮，最终摘得椰子下来。他们用石头砸开椰子，吃了椰肉，喝了椰汁。

三天后，他们又饿又渴，虚弱不堪。数学家自告奋勇去摘另一个椰子。他爬上那棵矮树，摘下椰子，带了下来。然后，工程师一脸茫然地看到数学家又气喘吁吁地爬上那棵高树，把椰子挂在了树顶，然后愈发艰难地原路下来。他彻底精疲力尽了。

工程师瞪了他一眼，又抬头望了望远处的椰子，然后将视线拉回到数学家身上。"你**这样**做有什么好处呢？"

数学家瞪了回去。"这不是显而易见吗？我将它化简成了一道我们已经知道如何求解的问题。"

芝诺做了什么？

　　埃利亚的芝诺是生活在约公元前450年的古希腊哲学家，因芝诺悖论而闻名。芝诺悖论包括四个思想实验，每一个都试图证明运动是不可能的。其中有些可能不是最早由芝诺提出，有的甚至可能不曾由芝诺提出（证据一直存在争议）。下面我将传统的四个列了出来，从最著名的开始。

阿喀琉斯和乌龟悖论

　　阿喀琉斯和乌龟同意进行一次赛跑。阿喀琉斯跑得比乌龟快，所以他让乌龟提前一段距离出发。乌龟认为阿喀琉斯永远无法追上它，因为等到阿喀琉斯到达乌龟**出发**位置时，它已经向前移动了一段距离。而等阿喀琉斯到达乌龟刚才**那个**位置时，它又向前移动了……所以阿喀琉斯在追上乌龟之前需要经过无限多个位置，而这是不可能的。

两分法悖论

　　为了到达某个距离之外的位置，你必须先到达其半路上的点。在到达那一点之前，你必须先到达路程四分之一处的点，而在那之前……所以你甚至无法启动。

飞矢不动悖论

　　在任意瞬间，一支飞行的箭是静止的。而如果它始终是静止的，它就无法处于运动状态。*

游行队伍悖论

　　这个悖论就更不出名了。亚里士多德在《物理学》中提到过，大意

---

　　* 在特里·普拉切特的碟形世界系列科幻小说《金字塔》中，一个名叫克赛诺的埃弗比哲学家证明了一支箭无法射中一个奔跑中的人。其他哲学家表示同意，并附加了一个前提条件："这支箭由一个从午餐时间起就一直待在酒吧里的人射出。"克赛诺还说乌龟是碟形世界里跑得最快的动物，但实际上跑得最快的是模糊的普祖玛，它的速度接近于光速。如果你看到了一只普祖玛，那它已经不在那里了。

如下:"两个队列,每个队列由相同数量、相同大小的物体组成,在一条跑道上交错而过,并以相同速度沿相反方向行进。一个队列一开始时占据了目的地与跑道中点之间的空间,另一个队列占据了跑道中点与出发点之间的空间。结论是一个给定时间的一半等于那个时间的两倍。"

在这里,芝诺的想法不是那么明确易懂。

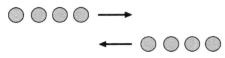

游行队伍悖论示意图

在实践中,我们知道运动**是**可能的。就在乌龟还在夸夸其谈时,阿喀琉斯已经赶上了它,根本不顾在有限时间内做无限多件事情是不可能的。这里更深层次的问题是:什么**是**运动?它是如何发生的?这个问题是关于物理世界的,而芝诺悖论是关于真实世界的数学模型的。如果他的逻辑是正确的,那它会排除其他好几种可能的模型。但它是正确的吗?

大多数数学家和中小学数学老师解决(也就是说,破除)前两个悖论的方法是做一些计算。例如,假设乌龟以1米每秒的速度移动,而阿喀琉斯以10米每秒的速度移动。开始时,乌龟提前100米出发。把芝诺考虑的各个事件做成如下表格。

时　刻	阿喀琉斯	乌　龟
0	0	100
10	100	110
11	110	111
11.1	111	111.1
11.11	111.1	111.11

这个表有无限长——但为什么要担心这个?阿喀琉斯在比如12秒后在哪里?他到达了120米处。而乌龟落在了后面,在112米处。事实上,在$11\frac{1}{9}$秒后,阿喀琉斯就已经与乌龟并驾齐驱了,因为他们都到达了$111\frac{1}{9}$米处。

接下来，我们还可以补充一句，无穷序列

$$10, 11, 11.1, 11.11, 11.111, \ldots$$

收敛到$11\frac{1}{9}$。也就是说，如果你沿着该序列走得足够远，它会无限接近于这个值，并且只会接近于这个值。

两分法悖论可用类似方法解决。假设一支箭需要飞行1米的距离，并且它以1米每秒的速度移动。芝诺告诉了我们这支箭在1/2秒后、1/4秒后、1/8秒后等时刻位于何处。在这些时刻，它都没有到达箭靶。但这并不意味着**不存在**它到达箭靶的时刻——只不过它不属于芝诺考虑的那些时刻。例如，它也没有在2/3秒后到达箭靶。但显然它在1秒后**确实**到达了箭靶。

同样地，这里我们还可以指出无穷序列

$$1, \frac{1}{2}, \frac{1}{4}, \frac{1}{8}, \ldots$$

收敛到0，而相应的时间序列

$$0, \frac{1}{2}, \frac{3}{4}, \frac{7}{8}, \ldots$$

收敛到1，也就是箭到达箭靶的时刻。

对于这些解答，许多哲学家并不像数学家、物理学家和工程师那样已经感到满意。他们认为，这些"极限"计算无法解释为什么无限多件不同的事情会在有限时间内发生。对此，数学家倾向于这样答复：他们已经表明了无限多件不同的事情**如何**能够在有限时间内发生，所以认为它们不能发生的假设正是使整件事情看起来充满悖论的原因。当箭从0米处移动到1米处时，它在1秒钟的有限时间内完成了这件事。尽管从0到1的时间间隔是有限的，但其中点的数目（在通常的"实数"模型中）是无限的。在这样一种模型中，**所有**的运动都涉及在有限时间内经过无限多个点。*

---

* 确实，根据康托的观点，连续统是一种比整数的无穷更大的无穷（参见《数学万花筒（修订版）》第155页）。

需要声明，我没有说我的讨论是对这些问题的盖棺定论，或者它涵盖了所有相关要点。它只是对几个主要议题的简要概述。

飞矢不动悖论也常常通过"极限"的观点，或者更确切地，微积分来解决，后者正是发明极限的原因。在微积分中，运动的物体可以具有一个不为零的瞬时速度，哪怕它在那个时刻是在一个固定位置。在逻辑上说通这个问题花了人们数个世纪的时间，问题最终被归结为，在越来越短的时间间隔上取平均速度的极限。再一次地，有些哲学家认为这并不是一种可接受的方法。

我认为在这个悖论中还隐藏了另一个有趣的数学要点。在物理学上，飞行的箭与不动的箭有一个确定的区别，哪怕它们在某一时刻都在同一个位置。这个区别在一个瞬间"快照"中看不出，但它在物理学上确实存在。任何研究经典力学的人都知道那个区别是什么：运动物体有**动量**（质量乘以速度）。快照显示出物体的位置，却没有显示物体的动量。这两个变量是相互独立的：原则上，一个物体可以具有任意位置和任意动量的组合。

位置是可以直接观测的（看到物体在何处），动量则不行。我们所知的观测它的唯一方式是通过测量速度，而测量速度涉及至少两个位置，以及间隔很短的时间间隔。动量是一种"隐变量"，它的值必须间接求出。威廉·罗恩·哈密顿爵士在1833年提出的著名公式便涉及位置和动量这两个变量。因此，飞行的箭与不动的箭的区别在于是否具有动量。那么你如何能发现这个区别？不是通过拍快照。你需要等待，看看接下来会发生什么。所以从哲学上看，前面提到的方法主要缺失了一件事，那就是从物理学上描述动量是什么。而这很可能比芝诺担心的事情困难得多。

游行队伍悖论又怎样破除呢？一个答案是，芝诺在这里搞混了，他的结论"一个给定时间的一半等于那个时间的两倍"并不能从题设中得出。但还有一种阐释，可以让我们从一个更有趣的角度看待这四个悖论。

它提出，芝诺是在试图理解空间和时间的本质。

对于空间，最容易想到的模型要么它是离散的，孤立的点处在比如整数位置0, 1, 2, 3, …上；要么它是连续的，点对应于实数，可按我们的要求任意切分。时间也是类似。

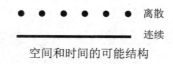

空间和时间的可能结构

结合起来，它们给出了空间和时间结构的四种不同组合。而这四种组合可以相当令人信服地与四个悖论相匹配，就像这样：

悖　　论	空　　间	时　　间
阿喀琉斯与乌龟	连续	连续
两分法	离散	连续
飞矢不动	连续	离散
游行队伍	离散	离散

所以有可能芝诺是在试图表明每个组合都存在逻辑问题。

- ❑ 第一个要求在有限时间内发生无限多件事情。
- ❑ 第二个意味着空间不能被无限切分，而时间可以。所以考虑一个物体在某个非零时间间隔t内移动最短可能空间单位。在时刻0，它在一个位置；在时刻t，它到达最近的另一个不同位置。那么在时刻$\frac{1}{2}t$，它在哪里？它本应在两者之间的半路上，但在这种离散的空间中，两者之间没有点。
- ❑ 如果空间是连续的，而时间是离散的，类似的事情也会发生，只是这时互换了时间和空间的位置。箭可以从一个瞬间的一个固定位置移动到下一个瞬间的另一个不同固定位置。它本可以处在两个位置之间，但这时并不存在那个时间，好供它处在两者之间。
- ❑ 游行队伍又是什么情况？现在，空间和时间都是离散的。所以想像芝诺的两队相同物体交错而过，另有一个不动的第三队作为参照。假设相对于固定的那队，两队以尽可能快的速度移动，也就是说，每队在最小可能时间单位内移动最短可能空间单位。

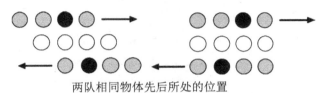

两队相同物体先后所处的位置

你会注意到，我将其中两个物体涂成了黑色，它们是用来作为参照的。在第一个时刻，两个黑色物体之间相距一个空间单位，上面的黑色物体在左。在下一个时刻，它们依然相距一个空间单位，但上面的黑色物体在右：它们交换了位置。

那么在哪个瞬间它们彼此齐平？

它们不会齐平。因为我们使用的是最小可能时间单位，上图显示的就是能够发生的全部情况。两个黑色物体没有彼此齐平的"半路时间"。不过，这个问题并非不可克服——比如，我们可以简单接受一个运动物体可以做这种"跃迁"。而且，也许将四个悖论与四种可能性对应起来的整个做法是种误导，芝诺的本意可能并不在此。

五枚银币

"小伙子们，这里有一个很好的挑战！"海盗红胡子船长喊道。他喜欢让船员们的脑筋动起来，或者只是为了检验他们是否仍有脑筋。

他举起四枚相同的八里亚尔银币。

"现在，小伙子们，我要你们把这四枚银币摆成**等距**的。"

　　看到船员们一脸不解的表情，他继续解释道："我的意思是，任意两枚银币之间的最短距离要与其他两枚银币之间的最短距离相等。"

　　相当令船长惊讶的是，水手长马上意识到这在平面上无法做到，需要在三维空间中才能解决。并且他很快找到了一个答案：将三枚银币凑在一起，构成一个三角形，然后将第四枚银币置于其上。所有四枚银币都互相接触，所以它们之间的距离都为零，从而是等距的。

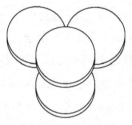

如何摆放四枚银币

　　心感失落的红胡子船长想了一会儿。"所以你以为你很聪明吗？那么用**五枚银币**试试看，也要使它们相互之间等距！"

　　水手长最终找到了一个答案，不过颇费了一番脑筋。答案是什么？详解参见第292页。

❦ 天空中的圆周率 ❧

　　并没有很多人知道，其实可以通过观察星星来计算π的值。并且这一技能背后的原理并不是基于天文学，而是基于数论——它之所以奏效，不是因为在群星之中存在某个模式，恰恰相反，而是因为不存在模式。

　　假设你随机选择两个小于或等于某个上限的非零整数。并且概率应该是均等的，也就是说，每个数被选中的机会应该相同。例如，假设上限是1 000 000，而你可能选择的数是14 775和303 254，这时每个数被选中的概率是百万分之一。现在问题来了：这两个数有没有（大于1的）公因子？在本例中它们没有。一般而言，数论研究者证明了，当上限变得任意大时，没有公因子的数对所占的比例趋近于$6/\pi^2$。这个了不起的结果是π看上去与圆没有关系的诸多属性之一。这是个精确值，而不是近似值，并且可（通过一些巧妙的技巧）从下面的公式推得

$$1+\frac{1}{4}+\frac{1}{9}+\frac{1}{16}+\frac{1}{25}+\cdots=\frac{\pi^2}{6}$$

1995年，罗伯特·马修斯在给《自然》杂志的一封短信中指出，可利用这个定理从夜空闪耀的群星中得到π的一个相当精确的值，前提是星星的位置是随机的。他的思路是，求出大量星星之间的角距离（即那些星星与观察者眼睛的连线之间的夹角），然后将这些角距离转换成大的整数。（他实际使用的公式是取角的余弦，加上1，然后乘以500 000。）如果忽略小数点后面的所有数并排除零，你就会得到在1和1 000 000之间的一组正整数。随机挑选若干数对，并设没有大于1的公因子的比例为p，则p约等于$6/\pi^2$，所以π约等于$\sqrt{6/p}$。

马修斯对夜空中的100颗最亮星做了这种计算，得到一个包含4095个大小在1和1 000 000之间的整数的列表。从这些数中，他得到1 000 000对随机数对，并求得$p=0.613\ 333$。因此，π应该约等于3.127 72。这个值不如学校里教的近似值22/7精确，但它与正确值的误差在0.4%以内。使用更多的星星应该能进一步提高精度。马修斯在信的最后写道："π的一个99.6%精确的值能在我们头上的群星之间找到，这个事实可能会让现在的毕达哥拉斯学派感到欢欣鼓舞。"

狗的蹊跷表现

在阿瑟·柯南·道尔爵士的福尔摩斯探案故事《银色马》中，有这样一段对话：

"你还有没有什么需要提醒我注意的地方？"

"那天夜里，狗的表现很蹊跷。"

"狗在那天晚上什么也没有做啊。"

"这正是蹊跷之处。"福尔摩斯点拨道。

下面是一个序列：

> 1, 2, 4, 7, 8, 11, 14, 16, 17, 19, 22, 26, 28, 29, 41, 44

体会一下福尔摩斯的洞见，然后回答：该序列中的下一个数是什么？

详解参见第292页。

数学要难

所有这类"找出序列中的下一个数"谜题都有一个难点：答案不一定是唯一的。卡尔·林德霍姆在《数学要难》一书中讨论了这类问题。这本讽刺恶搞的书出版于1971年，当时正值"新数学"大行其道。他在其中写道："数学家总是极力让他们的受众感到困惑，仿佛没有困惑，就没有声望。"作为一个例子，林德霍姆将自然数系定义为"通用有点函数"。

他切入这类"找出下一个数"谜题的思路非同寻常，但合乎逻辑。例如，为了找出序列

> 8, 75, 3, 9

中的下一个数，他说，你只需写下"任何一个理智的人都会写下的唯一答案"。也就是——我先卖个关子。但这是他的讨论的妙处所在，所以下

面我将给出更多同类谜题：

□ 1, 2, 3, 4, 5的下一个数是什么？

□ 2, 4, 6, 8, 10的下一个数是什么？

□ 1, 4, 9, 16, 25的下一个数是什么？

□ 1, 2, 4, 8, 16的下一个数是什么？

□ 2, 3, 5, 7, 11的下一个数是什么？

□ 139, 21, 3, 444, 65的下一个数是什么？

接下来则是利用林德霍姆的方法我们会给出的答案：

□ 19

□ 19

□ 19

□ 19

□ 19

□ 19

那么这个以不变应万变的答案的依据是什么？是拉格朗日插值公式，它给出了一个多项式$p(x)$，使得$p(1), p(2), ..., p(n)$是长度为n（n为任意有限数）的任意序列。**有些**这样的p必须符合序列

$$1, 2, 3, 4, 5, 19$$

所以答案19可由多项式得到。其他例子也如此。正如林德霍姆解释的，这个答案要远优于

$$1, 2, 3, 4, 5, 6$$

因为其步骤"更简单，更易使用，且是通过更一般化的方法得到的"。

只能是19吗？不，你大可选择你自己喜欢的数，然后加上1。为什么要加1呢？为了"使别人更难通过分析你喜欢的数来判断你的性格缺陷，尽管笔者尚没有听说这样一种通过一个人喜欢的数来分析其性格的技术，但当然了，也许有一天有人会发明这样的技术"。

本着林德霍姆那本书的精神，我确实应该向你展示一下拉格朗日插值公式，所以请翻到第293页。

一个四色定理

如果我这样放置三个相同的圆，使得每个圆都与其他两个圆相接，则显而易见，若要为每个圆着色，使得相接的圆具有不同的颜色，需要三种颜色。下图显示了三个圆，每个圆与其他两个圆相接，所以它们需要着以不同的颜色。

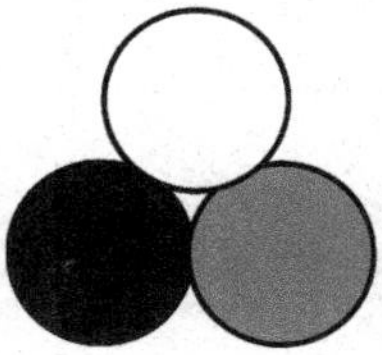

需要三种颜色

平面上的四个相同的圆不可能都互相接触，但这并不意味着三种颜色总能奏效：存在更复杂的排列大量圆的方法，而其中有些排法可能需要四种颜色。至少需要多少个相同的圆，才能排列成需要四种颜色？再一次地，要求两个相接的圆必须着以不同的颜色。

详解参见第293页。

混沌之蛇

2004年，天文学家发现99942号小行星，并将之命名为阿波菲斯——

埃及神话的混沌之神，形象为一条巨蛇，会试图在太阳神拉夜晚穿越冥界时袭击他。*在某些意义上，这是个贴切的名字，因为天文学家同时还宣布了新发现的小行星有可能在2029年4月13日（或到时没有发生的话，则会在2036年4月13日）与地球相撞。相撞的概率一开始被估计为1/200，最高时达到1/37，但现在认为的相撞概率已经相当低。

一位知名英国记者在他的常规专栏里曾对此发表评论，大意为"怎么他们能如此明确日期，却无法确定年份？"。老实说，那是个幽默专栏，提出的这个问题也很有趣。但事实上，这个问题有个严肃的答案。

你能向记者先生解释一下吗？（提示：在天文学上，一年意味着什么？）

详解参见第294页。

概率是多少？

姐姐怕数学拿出一副扑克牌，将四张A放在桌上，正面朝下。两张是黑色的（黑桃和梅花），另外两张是红色的（红心和方片）。

洗牌，正面朝下，选两张

"弟弟？"

"干吗？"

"如果你从这四张牌中随机选两张，它们颜色不同的概率是多少？"

---

* 他也是《星际之门：SG-1》中大反派之一的名字，要是你对这更熟悉的话。

"嗯……"

"这些颜色要么相同，要么不同，对不？"

"是的。"

"并且每种颜色的张数相同。"

"是的。"

"因此，你选的两张牌颜色相同或不同的概率必定是相同的，所以两者都等于1/2。对不？"

"嗯……"

姐姐说得对吗？

详解参见第295页。

极简数学史

约公元前23 000年	伊尚戈骨记录了10到20间的质数。看上去如此。
约公元前1900年	普林顿322号巴比伦泥板列出了可能是毕达哥拉斯三元组的数。其他泥板记录了行星的运动以及如何解二次方程。
约公元前420年	希帕索斯发现了不可通约数（无理数）。[*]
约公元前400年	巴比伦人发明了表示零的符号。
约公元前360年	欧多克索斯提出了不可通约数的一个严谨理论。
约公元前300年	欧几里得的《几何原本》将证明作为数学的核心，并区分了五种正多面体。

---

[*] 希帕索斯是毕达哥拉斯学派的成员，并据说他在与同伴乘船渡过地中海时宣布了这个发现。由于毕达哥拉斯学派相信万物皆数，所以他的同伴并不欣赏这个发现，将他驱逐了出去。或者根据有些版本，将他推下了船。

约公元前250年	阿基米德算出了球体和其他规则形状的体积。
约公元前36年	玛雅人重新发明了表示零的符号。
约250年	丢番图写出了他的《算术》，求解系数和解为有理数的方程，并使用符号来表达未知量。
约400年	印度人再次重新发明了表示零的符号。真幸运。
594年	算术中出现位值计数法的最早证据。
约830年	花拉子米写出了他的《通过还原和平衡进行计算》，将代数概念作为抽象实体进行操作，而不仅仅是数的占位符，并给我们留下了"algebra"（代数）一词。不过，他没有使用符号。
876年	在十进制位值计数法中使用符号零的首个无可争议的证据。
1202年	莱奥纳尔多的《计算之书》通过一个兔子繁殖问题引入了斐波那契数。书中还积极推广阿拉伯数字，并讨论了数学在财务计算中的应用。
1500–1550年	文艺复兴时期的意大利数学家解出了三次和四次方程。
1585年	西蒙·斯泰芬引入了小数点。
1589年	伽利略发现了自由落体的数学规律。
1605年	开普勒证明了火星轨道是一个椭圆。
1614年	纳皮尔发明了对数。
1637年	笛卡儿发明了直角坐标系。
约1680年	莱布尼茨和牛顿分别发明了微积分。
1684年	牛顿证明了从引力的平方反比定律可推导出公转的椭圆轨道。
1718年	棣莫弗撰写了第一本概率论教科书。

1726–1783年	欧拉标准化了e, i, π等符号,系统化了大多数当时已知的数学,并发明了大量新的数学。
1788年	拉格朗日的《分析力学》将力学建基于分析学,而不借助图像。
1796年	高斯发现了如何用尺规构造正十七边形。
1799–1825年	拉普拉斯的五卷本巨著《天体力学》阐述了太阳系的基本数学原理。
1801年	高斯的《算术研究》奠定了数论的基础。
1821–1828年	柯西引入了复分析。
1824–1832年	阿贝尔和伽罗瓦证明了五次方程不能用根式求解;伽罗瓦奠定了现代抽象代数的基础。
1829年	罗巴切夫斯基引入了第一个非欧几何,鲍耶紧随其后。
1837年	哈密顿正式定义复数。
1843年	哈密顿利用哈密顿量重新表述了经典力学。
1844年	格拉斯曼奠定了线性代数的基础。
1848年	凯莱和西尔维斯特发明了矩阵符号。凯莱曾预测它永远不会有任何实际用途。
1851年	波尔查诺的《无限的悖论》在他身后出版,讨论了关于无限的数学。
1854年	黎曼引入了流形的概念,为爱因斯坦的广义相对论奠定了基础。
1858年	莫比乌斯发明了莫比乌斯带。
1859年	魏尔斯特拉斯通过ε-δ定义使分析学变严谨。
1872年	通过为实数奠定逻辑基础,戴德金首次严格证明了$\sqrt{2} \times \sqrt{3} = \sqrt{6}$。

1872年	克莱因的埃朗根纲领试图用群的不变量刻画不同的几何学。
约1873年	索弗斯·李开始研究李群，基于对称性的数学得以飞跃式发展。
1874年	康托引入了集合论和超越数。
1885–1930年	代数几何的意大利学派蓬勃发展。
1886年	庞加莱偶然步入混沌理论，并复兴图像的使用。
1888年	基林对单李代数进行了分类。
1889年	皮亚诺阐述了关于自然数的五条公理。
1895年	庞加莱奠定了代数拓扑的基础。
1900年	希尔伯特在国际数学家大会上提出了他的23个问题。
1902年	勒贝格在自己的博士论文中发明了测度论和勒贝格积分。
1904年	冯·科赫发明了连续但不可微的雪花曲线，它简化了魏尔斯特拉斯以前发现的一个例子，并预示了分形几何的到来。
1910年	罗素和怀特海在《数学原理》第一卷第379页证明了1+1=2，并用符号逻辑形式化了整个数学。
1931年	哥德尔的定理表明了形式数学的局限性。
1933年	柯尔莫哥洛夫提出了概率论的公理。
约1950年	现代抽象数学开始起步，并不断变得复杂。

史上最短数学笑话

设 $\varepsilon < 0$ 。

如果你没看出笑点所在，请参见第295页的说明。如果你看出来了，并且不觉得它好笑，那么恭喜你。

全球变暖大骗局？

数学模型对研究全球变暖来说至关重要，因为它们可以帮助我们理解地球大气在不同水平的太阳辐射、不同水平的温室气体（比如二氧化碳和甲烷）等条件下会如何表现。气候变化是一个非常复杂的课题，而本篇旨在指出其中的一个常见误解。下面我将忽略甲烷的影响——基本上，它只会让情况更糟糕。

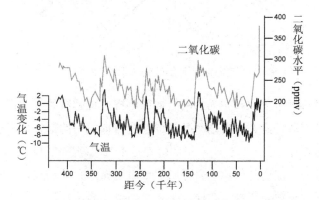

气温与二氧化碳水平的历史记录，数据取自：J.R. Petit, et al., "Climate and Atmospheric History of the Past 420,000 Years from the Vostok Ice Core, Antarctica," *Nature* 399 (3 June 1999) 429–436.

　　几乎所有气象学家现在都坚信，人类活动增加了大气中的二氧化碳水平，而这导致了气温上升。仍有少数人持不同观点。2007年3月，在英国电视第四台播出的一部纪录片《全球变暖大骗局》集中表达了这些不同观点。片中提到的一个争议焦点是我们观察到的气温与二氧化碳水平之间的长期关系。节目显示了一个画面，积极致力于唤醒公众对于气候变化的危机意识的美国前总统候选人阿尔·戈尔在发表演讲，背后的大屏幕则展示了过去气温与二氧化碳水平的变化情况。这些数据可以从冰芯等自然界记录中推断出来。

　　两条曲线几乎同步上下起伏，一种令人信服的相关性。但节目指出，气温升高的开始和结束均在二氧化碳水平变化**之前**，特别是如果你仔细观察最近的数据。所以显然是**气温**上升导致二氧化碳水平增加，而不是反过来。这个论证看似很有说服力，节目也花了大量笔墨强调这一点。

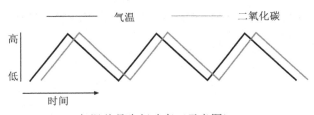

气温总是先行改变（示意图）

　　气候科学十分依赖于为影响气候的物理过程建模的数学模型，所以这不仅是个科学问题，也是个数学问题。目前可用的最好数据表明，这种效应确实存在，二氧化碳水平的峰谷迟于气温峰谷约100年出现。那么这种关系能否证明是气温上升导致了二氧化碳水平的增加，而不是反过来呢？这与全球变暖有又有什么关系（如果有的话）？

　　让我们先开动一下脑筋。这些图对气候学家来说耳熟能详，也一直被视为人类活动产生的二氧化碳导致了气温上升的重要证据。如果这些图真的证明了二氧化碳水平增加**不是**气温上升的罪魁祸首，气候学家很可能早就注意到了。确实，这有可能完全是个大阴谋，但如果气候变化真的只是一种错觉，世界各国政府显然会更高兴，毕竟是他们出钱资助了这些研究。如果说真有阴谋，那也更可能是政府试图压下气候变化的证据。所以更有可能的情况是，其实气候学家已经找出了为什么会发生这种延迟，并已得出结论这无法证明二氧化碳对气候变化没有明显影响。事实也确实如此：只需花30秒钟就能在网上搜到解释。

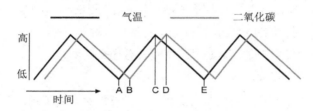

在时刻A, B, C, D和E分别发生了什么？

那么为什么会出现这100年的延迟呢？完整故事很复杂，但如果我们看一下示意图中容易出问题的地方，其中的主旨并不难把握。以下是几个关键事实。

- 气温变化存在一个自然周期，这是由地球轨道、地轴倾角及其朝向的系统性变化引起的。
- 气温上升确实会导致二氧化碳水平上升，而自然界需要数十或数百年时间来响应这种气温变化。

首先，观察到在大部分时候，气温和二氧化碳水平一同上升（在时刻B和C之间）或一同下降（在时刻D和E之间）。这表明气温和二氧化碳水平是相关的，但它没有告诉我们哪个是因，哪个是果。事实上，这两者互为因果。

根据绝大多数气候学家的共识，这里实际发生的情况大致如下。在时刻A，自然周期导致气温开始上升，不过升高不是很多。等到约一个世纪后的时刻B，气温上升对二氧化碳水平的影响变得明显了，二氧化碳水平会上升。这种上升反过来会影响气温，并且气温对二氧化碳水平变化的响应要比二氧化碳水平对气温变化的响应快得多。因此，气温进一步上升。现在气温和二氧化碳水平通过正反馈互相强化，一同攀升（时刻B到C）。在时刻C，气温变化周期和其他因素造成气温开始下降。但在时刻D之前，二氧化碳水平并没有表现出受到太大的影响，但一旦表现出影响，二氧化碳水平的下降会进一步加剧气温的下降，两者一同下降。这种状况会持续到时刻E，并开始重复整个过程。

下一个问题则是：这与全球变暖又有什么关系？

关系不是很大。

我们刚才一直讨论的是自然周期，没有涉及人为干预。但我们说的"全球变暖"和"气候变化"指的不是**这样的**气温上升或气候变化。它们特指对这种自然周期的偏离。

最先使用"全球变暖"一词的科学家明白这一点，他们也明白所讨论的是中期全球平均气温，而不是短期局部气温。后一点常常被误解，因为尽管有些地方在变暖，仍有些地方可能会在短时间内很冷。所以人们开始使用"气候变化"一词，希望避免产生混淆。但这个说法并不只是意味着"气候在变化"：气候本有其自然的变化周期。它意味着"气候在以无法通过自然周期解释的方式变化"。

正如我们刚刚看到的，在自然周期中，气温影响二氧化碳水平，二氧化碳水平也影响气温。当大气受到太阳辐射的周期性变化的影响时，两者都会进行响应。但"全球变暖"议题关注的是：如果人类活动造成大量二氧化碳进入大气，我们预期那个周期会发生什么？在数学上，这等价于提高二氧化碳水平，然后看系统会作何反应。而答案是：气温也会迅速上升，因为它对二氧化碳水平的变化的响应相当迅速。

因此，前面那个具有令人费解的延迟的图，展示的是自由运行的大气系统在太阳辐射等因素发生变化时会作何反应。然而，"全球变暖"关注的根本不是这个问题。它关注的是，当其他某个因素发生突然变化时，这个系统会发生什么。我们知道，在过去半个多世纪里，人类活动显著提高了二氧化碳水平；事实上，现在的水平远高于冰芯记录中的任何一个时期。不妨回头看一下第153页图右端的二氧化碳水平。碳的不同同位素（原子质量不同的同种元素）的比例表明，这种上升主要是人类活动造成的。而现代二氧化碳前所未有的高水平也佐证了这一点。

为了检验二氧化碳水平的上升导致了全球气候变暖这一假说，我们需要在所用的大气模型中提高二氧化碳水平，并看看在这种情况下，这种上升会产生什么影响。

为了看一下会发生什么，并表明这确实是个数学问题，我建立了一个简单的模型，用方程组描述气温T和二氧化碳水平C如何随时间t变化。它并不贴近"现实"，但它具有我们刚才讨论过的基本特征，所以能很好地说明问题。方程组如下：

$$\frac{dT}{dt} = \sin t + 0.25C - 0.01T^2$$

$$\frac{dC}{dt} = 0.1T - 0.01C^2$$

在这里，气温周期性发生变化（$\sin t$项），体现了来自太阳热量的周期性变化。此外，C的任何变化会导致T成比例发生变化（$0.25C$项），而T的任何变化也会导致C成比例发生变化（$0.1T$项）。所以我的模型被设置成，气温升高导致二氧化碳水平升高，二氧化碳水平升高反过来又导致气温升高，就像在现实世界中一样。由于0.25大于0.1，所以气温对二氧化碳水平的变化的响应要比二氧化碳水平对气温的变化的响应快。最后，我减去$0.01T^2$和$0.01C^2$来体现我们知道会发生的截止效应（cut-off effects）。

现在我在计算机上求解这些方程，看看会得到什么结果。下面有三幅图，反映了T（黑线）和C（灰线）如何随时间变化。我绘制的是4y–60

而不是y的图,这样两条曲线会离得近一些,方便看清两者之间的关系。

❑ 当系统自由运行时,T和C都在周期性波动,并且C滞后于T。这就那个令人困惑的时间延迟,节目将之解释为二氧化碳水平的上升不会导致气温升高。而在我的模型中,其中二氧化碳水平的上升确实会引起气温升高(感谢第一个方程中的$0.25C$项),我们仍然看到了这种时间延迟。它是模型中非线性影响的结果,而不是因果关系之间的延迟。

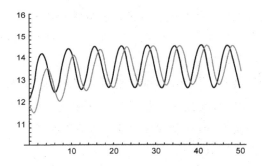

气温(黑线)和二氧化碳水平(灰线)如何随时间变化。
注意到二氧化碳水平滞后于气温

❑ 当我在时刻25处突然增加C时,T和C都有反应。然而,C仍然滞后于T,并且T看上去没有太大的变化。

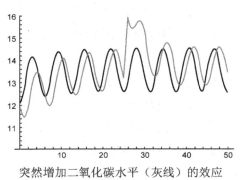

突然增加二氧化碳水平(灰线)的效应

❑ 然而，如果我将 T 和 C 在方程的两次运行之间的**变化**画成图，我会看到一旦 C 增加，T 就开始增加。因此，C 的变化**确实**会立即引起 T 的变化。这里有趣的是，当二氧化碳水平已经过了高峰时，气温还在**继续**增加。非线性动力学有时会违背直觉，这也正是我们要使用数学方法而不是朴素的文字论证的原因。

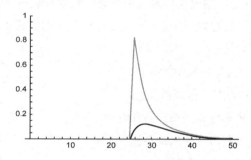

二氧化碳水平和气温在方程的两次运行之间的差表明
二氧化碳水平增加会立即导致气温上升

因此，"全球变暖"或"气候变化"议题关注的不是在自由运行的系统中什么导致什么的问题；事实上，在那种系统中，气温上升与二氧化碳水平增加会互相促进。气候科学家在这一点上并无分歧，对此也早就有了认识。它关注的是：当我们**知道**其中变量之一突然被人类活动改变时，系统会发生什么？那个被炒得沸沸扬扬的时间延迟与这个问题并不相干，并且是误导人的。事实上，二氧化碳水平增加引起的气温**变化**会立即发生，并且是气温上升。

想了解更多信息，请参见：

en.wikipedia.org/wiki/Climate_change

en.wikipedia.org/wiki/Global_warming

想知道节目在第四台播出后发生了什么，可参见：

en.wikipedia.org/wiki/The_Great_Global_Warming_Swindle

猜牌 2

"女士们，先生们，"伟大的胡杜尼大声宣布，"在我的眼睛被蒙住的同时，我的助手格鲁佩丽娜将邀请一位观众选出三张牌，放在桌上，摆成一行。接着我会让她提供有限几个信息，然后我就可以猜出这些牌。"

观众选出了三张牌并摆成一行。然后格鲁佩丽娜说了一系列神秘兮兮的命题：

"一张K的右边有一张或两张Q。

"一张Q的左边有一张或两张Q。

"一张红心的左边有一张或两张黑桃。

"一张黑桃的右边有一张或两张黑桃。"

随即胡杜尼猜出了那三张牌。

那三张牌分别是什么？

详解参见第296页。

无限循环小数 0.999...等于多少?

我们大多数人第一次遇到数学上的无穷是在学习小数时。我们发现，不仅是像π这样奇异的数会永远继续下去，更普通的数也会如此。很可能我们遇到的第一个例子是分数1/3。表示成小数形式，它就是0.333 333...，而要让这个小数恰好等于1/3的唯一办法是让它永远继续下去。

同样的问题也出现在分数p/q的分母q不只是一串2和5的乘积时。但不像π，这时分数的小数形式重复出现同样的数字模式，或许是在一些不符合该模式的起始数字之后。比如，83/55=2.3714285 714285 714285...，无限重复714285。这些小数被称为循环小数，重复的部分通常用点标记，或者如果涉及多个数字，在两端的数字上分别用点标记：

$$\frac{1}{3} = 0.\dot{3}, \quad \frac{83}{35} = 2.3\dot{7}1428\dot{5}$$

这一切听上去都很合理，但数0.999 999...或0.$\dot{9}$却常常引起麻烦。一方面，它显然等于3乘以0.$\dot{3}$，即3×1/3，也就是1。但另一方面，1的小数形式是1.000 000...，两者看上去并不一样。

似乎很多人相信0.$\dot{9}$略小于1。这样想的理由大概是，每当我们停下来，比方说在0.999 999 999 9时，所得到的数都不等于1。差别不是太大，在这里是0.000 000 000 1，但终究不是零。但当然，这里的关键是，你不应该停下来。所以这样的说法站不住脚。尽管如此，许多人还是隐隐觉得0.$\dot{9}$仍应该小于1。小多少呢？好吧，反正是一个比0.000...01（无论有多少个0）还小的数。

我的一位从事数学教育的朋友常喜欢问别人0.$\dot{3}$是多大，然后问0.$\dot{9}$是多大。被问到的人都会脱口而出，第一个小数恰好是1/3，但当被要求将它乘以3时，他们变得紧张起来。有人说："这不太好说！一开始我认为0.$\dot{3}$恰好等于1/3，但现在我发现它必定要比1/3略小一点！"

我们之所以会在这上面犯糊涂，是因为这是无穷级数的一个微妙特征，而尽管我们在小学学过小数，我们却没有学过无穷级数。为了看出两者间的联系，先观察下面的公式

$$0.\dot{9} = \frac{9}{10} + \frac{9}{100} + \frac{9}{1000} + \frac{9}{10\,000} + \cdots$$

这个级数**收敛**，也就是说，它有一个定义良好的和，并且代数法则适用于此。因此，我们可以使用一种标准技巧。令和为s，于是

$$10s = 9 + \frac{9}{10} + \frac{9}{100} + \frac{9}{1000} + \cdots = 9 + s$$

所以9s=9，s=1。

还有其他很多像这样的计算。它们都告诉我们 $0.\dot{9}=1$。

那么那个比0.000…01（无论有多少个0）还小的数呢？它是"无穷小"（不管这可能是什么意思）吗？

在实数系中没有。在实数系中，唯一一个这样的数是0。为什么呢？任何（小的）非零数都有一个包含很多个0的小数表示法，但最终某个数字必定是非零的——不然的话，那个数就是0.000…，也就是0。而一旦我们到达了那个位置，我们就会看出那个数大于或等于0.000…01（有适当个0）。所以它不符合定义。简言之：1和 $0.\dot{9}$ 的差是0，所以它们相等。

这是小数表示法的一个恼人之处：有些数可以被写成两种看上去不同的方式。但分数也是如此：比如1/3和2/6是相等的。不过别担心，习惯了就好。

已死量的幽灵

经过几个世纪的努力，数学家终于建立了一个关于极限、无穷级数和微积分的逻辑严谨的理论，他们称之为"分析学"。关于无穷大和无穷小的所有诱人但逻辑上不一致的思想都被安全地排除在外。贝克莱主教曾将无穷小斥为"已死量的幽灵"，并且人们也承认他说得有理。然而，微积分还是能够奏效，而这要感谢极限，因为它将幽灵都驱逐了出去。

无穷大或无穷小是一个过程，而不是一个数。你无法做到将无穷级数的所有项都加起来：你只能将有限项加起来，然后问随着项数越来越大，这个和会如何表现。你可以趋近于无穷大，但永远到达不了那里。类似地，无穷小并不存在。没有哪个正数能小于**任意**正数，因为那样的话，它必定要小于它自身。

不过，正如我之前说过的，不要因为它不奏效就轻易放弃一个好的想法。在1960年左右，亚伯拉罕·罗宾逊在数理逻辑的前沿领域作出了一些出人意料的发现（见于他在1966年出版的《非标准分析》一书）。他证明了，存在实数系的某种推广（称为"非标准实数"或"超实数"），使得它不仅具备实数的几乎所有常见性质，而且无穷大数和无穷小数在其中确实存在。如果n是一个无穷大数，则$1/n$是无穷小数——但不为零。罗宾逊证明了，可以在超实数系的基础上重建整个分析学，使得比如，一个无穷级数是无穷多项之和，并且你**确实**能够到达无穷大。

无穷小数现在是一种新型的数，它比任何正实数都小，但它**本身**不是实数。并且它不比任何正超实数小。但你可以将所有有限超实数转换成实数，通过取其"标准部分"，也就是与之无限接近的一个实数。

不过，这一切是有代价的。超实数存在的证明是非构造性的，也就是说，它只表明它们可以存在，但它无法告诉你它们是什么。然而，任何可用非标准分析证明的、关于普通分析的定理，都有某种标准分析证明。所以这是一种证明普通分析中同一定理的新方法，并且它更接近于像牛顿和莱布尼茨等人所用的直觉方法，而非后来引入的更技术化方法。

尽管有一些尝试，试图将非标准分析纳入本科数学教育当中，但这种方法目前仍属小众。想了解更多信息，请参见：

en.wikipedia.org/wiki/Non-standard_analysis

就在我写作本书，并写完上一篇关于$0.\dot{9}$的内容时，米哈伊尔·卡茨通过电子邮件发给我一篇他与卡琳·乌萨迪·卡茨合撰的论文。论文利用非标准分析，从新的角度分析了那个表达式。他们指出，在普通分析中，对于任意有限小数0.999…9，存在一个精确公式

$$\frac{9}{10} + \frac{9}{10^2} + \frac{9}{10^3} + \cdots + \frac{9}{10^n} = 1 - \left(\frac{1}{10}\right)^n$$

现在令n是一个无穷超实数。这个公式仍然成立，只是当n是无穷大时，$(1/10)^n$不为零，而是无穷小。已死量确实留下了一个幽灵。

类似的分析也适用于表示 $0.\dot{3}$ 的无穷级数。并且它们都不与我之前对于 $0.\dot{9}$ 和 $0.\dot{3}$ 的分析矛盾，因为当时我讨论的是标准分析，并且当 n 为无穷大时，$1-(1/10)^n$ 的标准部分是 1。但这确实表明了，一些人的"略小一点"的直觉感受，通过一种完全合理的重新阐释，可以得到严格的论证。尽管我不认为我们应该在学校里教授那种方法，但它应该可以使我们对那些饱受这一困难折磨的人更多些同情。

米哈伊尔·卡茨和卡琳·乌萨迪·卡茨的论文对这一议题的讨论要更为深入，并且他们提出了关键问题："999之后的…究竟意味着什么？"标准分析的回答是，将"…"视为取一个极限。但在非标准分析中，存在多种不同的阐释。其中传统的阐释认为，它为该表达式赋予了其最大可能的合理值，也就是 1。但还有其他阐释。

发财行业

史密斯和琼斯同时受聘于斯坦斯伯里大超市，起薪每年10 000英镑。每半年，史密斯的薪酬比前半年增加500英镑。每一年，琼斯的薪酬比前一年增加1600英镑。三年后，谁挣得更多？

详解参见第296页。

莱奥纳尔多的难题

1225年，神圣罗马帝国皇帝腓特烈二世访问比萨。数学家莱奥纳尔多（后被称为斐波那契，参见《数学万花筒（修订版）》第96页）被引荐给了皇帝。为了测试他的数学能力，皇帝便让宫廷数学家巴勒莫的约翰给莱奥纳尔多出了一系列题目。

其中一道题目是：找到一个完全平方数，当加上或减去5时，它仍是一个完全平方数。要求找到的解为有理数，即分子分母均为整数的分数。

你能帮助莱奥纳尔多解出这道题目吗？

详解参见第297页或下一篇。

～《⊙ **同余数** ⊙》～

皇帝腓特烈二世的难题[*]引出了更为深刻的数学问题，而直到最近，数学家才开始对此有所理解。这里的问题是：如果我们用任意整数替换5，会发生什么？对于哪个整数d，下述方程

$$y^2 - d = x^2,\ y^2 + d = z^2$$

存在有理数解x, y, z？

莱奥纳尔多将这样的d称为"同余数"。这一术语至今仍在使用，尽管它已经带有一些混淆——现在的数论研究者习惯性地以一种完全不同的方式使用"同余"一词。同余数可被刻画为有理毕达哥拉斯三角形（边长为有理数的直角三角形）的面积。这一点不容易看出，却是事实：莱奥纳尔多的解（参见上一篇的详解）暗示了这一结论。如果边长为a, b, c的三角形满足$a^2+b^2=c^2$，则它的面积为$ab/2$。令$y=c/2$，然后计算可知，$y^2-ab/2$和$y^2+ab/2$都是完全平方数。反过来，我们可以通过任意解x, y, z, d构造一个毕达哥拉斯三角形，使得d等于其面积。

---

[*] 题目很有可能是由巴勒莫的约翰出的，但这仍然是皇帝的题目，正如胡夫金字塔无可争辩是由法老胡夫建造的。当皇帝就是有这好处。童话《皇帝的新衣》完全难以令人信服：任何胆敢触犯天颜的小孩必定罪无可赦。

　　大家熟悉的3–4–5三角形的面积为3×4/2=6，所以6是一个同余数。在这里，莱奥纳尔多的解告诉我们取$y=5/2$。于是

$$x^2 = \frac{25}{4} - 6 = \frac{1}{4}, \quad 则 \ x = \frac{1}{2}$$

$$z^2 = \frac{25}{4} + 6 = \frac{49}{4}, \quad 则 \ z = \frac{7}{2}$$

而要得到$d=5$，我们需要从40–9–41三角形开始，其面积为180=5×36。然后将之除以6^2=36，我们得到边长为20/3, 3/2, 41/6的三角形，其面积为5。现在

$$x^2 = \frac{1681}{144} - 5 = \frac{961}{144}, \quad 则 \ x = \frac{31}{12}$$

$$z^2 = \frac{1681}{144} + 5 = \frac{2401}{144}, \quad 则 \ z = \frac{49}{12}$$

这样我们就得到了莱奥纳尔多的答案。

　　但现在问题仍然没有解决：哪个整数d可以是边长为有理数的毕达哥拉斯三角形的面积？答案也并不容易看出。事实证明，它关系到另一个方程

$$p^2 = q^3 - d^2 q$$

当且仅当d是同余数时，这个方程的p, q有整数解。

　　有些数是同余数，有些则不是。例如，5, 6, 7是同余数，但1, 2, 3, 4不是。同余数的判定并不容易：例如，157是同余数，但面积为157的最简单直角三角形的斜边为

$$c = \frac{224403517704336969924557513090667486316094847 2041}{8912332268928859588025535178967163570016480830}$$

目前已知最好的判定有赖于一个尚未证明的猜想：伯奇和斯温纳顿-戴尔猜想。这是克莱千年奖问题（参见《数学万花筒（修订版）》第123页）之一，证明或证否它都能获得一百万美元奖金。腓特烈二世万万料想不到他的题目竟会这么难。

心不在焉的人

诺伯特·维纳

诺伯特·维纳是新学科控制论的创立者，也是20世纪上半叶随机过程数学的先驱。他是一位才华横溢的数学家，同时他的记性差也众所周知。所以当他们举家搬到一幢新房子时，他的妻子特意把地址写在一张纸条上交给他。"别犯傻了，**这样**重要的事情我怎么可能忘记呢？"他抗议道，但还是把纸条塞进了口袋。

那天晚些时候，维纳在思考一个数学问题时需要用纸写字，于是他掏出那张写了新地址的纸条，并在上面写满了方程。在做完了这些粗略的计算后，他随手把纸条揉成一团扔掉了。

到了晚上，他想起了搬新家的事情，但怎么也找不到那张写着新地址的纸条了。万般无奈，他只好走回老房子，并在那儿发现有个小女孩坐在外面。

"抱歉，亲爱的小朋友，你知不知道维纳家搬到哪里去了？"

"别担心，爸爸。妈妈叫我在这来接你。"

填数游戏

填数游戏与填词游戏类似，只不过要猜出的是数而不是单词。下面这个填数游戏的所有线索跟时间有关。

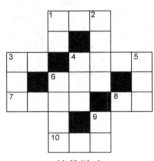

填数游戏

横向	纵向
1. 平年一年的天数	1. 十月的天数
3. 一刻钟的分钟数	2. 一个半小时的秒数
4. 1小时24分3秒的秒数	3. 一星期的小时数
6. 五分钟的秒数	4. 20天20小时的小时数
7. 平年一年的小时数	5. 双周的小时数
8. 四天的小时数	6. 1小时3秒的秒数
10. 闰年一年的天数	9. 一天半的小时数

详解参见第298页。

我会躲开袋鼠吗？

- ❏ 在这幢房子里唯一的动物是猫。
- ❏ 喜欢盯着月亮看的动物都适合当宠物。

- 当我讨厌某种动物时，我会躲开它。
- 没有动物是肉食动物，除非它们在夜间觅食。
- 没有猫不会捉老鼠。
- 不曾有动物依赖过我，除了在这幢房子里的。
- 袋鼠不适合当宠物。
- 只有肉食动物才捉老鼠。
- 我讨厌不依赖我的动物。
- 在夜间觅食的动物喜欢盯着月亮看。

如果上述所有命题都为真，最终我会躲开袋鼠吗？

详解参见第298页。

克莱因瓶

在19世纪末，曾一度流行用数学家的名字命名特殊曲面：例如，库默尔曲面便得名自恩斯特·爱德华·库默尔。这些数学家往往是德国人，而曲面的德语单词是Fläche，所以库默尔曲面在德语中是"Kummersche Fläche"。我之所以在这里岔出去讨论语言问题，是因为这引发了一个曾被用来命名一个数学概念的双关。类似情况在以后多有发生，但这很可能是第一个例子。这里的双关源自一个类似的单词Flasche，意为"瓶子"。因此，当费利克斯·克莱因在1882年发明了一个瓶子形状的曲面时，它自然而然地被称为"Kleinsche Fläche"，而这又不可避免地迅速变异成"Kleinsche Flasche"——克莱因瓶。

我不知道这个双关是有意为之，还是无心之失。但不管怎样，新的名字广为流传，甚至德国人也不得不接受。

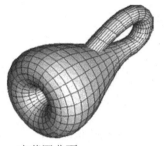 

克莱因曲面······   ······被阐释为克莱因瓶

克莱因瓶在拓扑学里很重要，因为它是一个没有边且只有一个面的曲面的例子。常规的曲面（比如球面）有两个不同的面，一里一外。你可以想象，把里面涂成红色而把外面涂成蓝色，同时这两种颜色永远不会相遇。但你无法对克莱因瓶这样做。如果你开始把看上去像外面的一面涂成蓝色，你会来到变窄的弯管处，而如果你继续沿着弯管涂色，当它穿过鼓鼓的瓶体时，最终你是把看上去像里面的一面也涂成了蓝色。

克莱因发明这种瓶子有他的原因：它会在复分析的黎曼曲面理论中自然地出现，后者试图对在复数上研究微积分时可能遇到的复杂行为进行分类。克莱因瓶让人想起一个更著名的曲面，莫比乌斯带（将一条纸带的一端扭转180度，然后将两端粘在一起）。莫比乌斯带有一个面，但它还有一条边（参见《数学万花筒（修订版）》第109页）。克莱因瓶则把边也去掉了，这让拓扑学家感到更为方便，因为边会造成麻烦，特别是在复分析中。

然而，这也要付出一个代价：克莱因瓶无法在普通的三维空间中加以表示，除非让它穿过自身。不过，拓扑学家并不介意这一点，因为他们没必要在三维空间中表示他们的曲面。他们更喜欢考虑它们纯粹的抽象形式，而不需要依赖于周围空间。事实上，如果你在四维空间中表示克莱因瓶，它就不需要自相交，只是这又会引出新的困难。

一种不需要自相交的表示克莱因瓶的方法是，借用如今玩过计算机游戏的人都熟悉的一个技巧。（需要补充一句：拓扑学家在很久以前就想到了。）在很多游戏中，计算机屏幕的矩形平面是"卷在一起"（wrapped around）的，也就是说，左右边缘其实是接在一起的。如果一艘外星飞船从右边缘飞出去，它会立即在左边缘重新出现。上下边缘也能这样卷在一起。当然，计算机屏幕并没有**弯曲**，所以"卷在一起"纯粹是概念性的，只存在于程序员的脑海中。但我们容易**设想**相对的两边接在一起，想像得出这时会发生什么，并相应作出回应。这也正是拓扑学家所做的。

具体来说，拓扑学家也是从一个矩形开始，并把它的边卷在一起，使得它们在想像中是接在一起的。但这里有一个扭转，字面意义上的。上下边缘像通常那样卷在一起，但右边缘要被扭转180度，使得在连上左边缘之前上下颠倒一下。因此，当飞船从上边缘飞出去时，它会在下边缘的相应位置处重新出现；但当它从右边缘飞出去时，它会上下颠倒在左边缘的另一头重新出现。

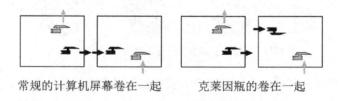

常规的计算机屏幕卷在一起　　　　克莱因瓶的卷在一起

在拓扑学上，常规的计算机屏幕卷在一起是环面，就像轮胎内胎或者（如果你没有见过轮胎内胎的话）甜甜圈（当然，只是其甜甜的表面，而不是整个实心面团）。通过想像一个柔性的屏幕，你就能看出把它的边缘卷在一起时会发生什么。将上下边缘接在一起生成了一个圆柱形管，再将管的两端接在一起便生成了一个闭环。

不进行扭转的卷在一起生成一个环面

但如果你为克莱因瓶构想类似的过程，圆柱形管的两端就不是那样接在一起了：其中一端要被赋予相反的定向。在三维空间中，做这件事的一个办法是，使一端弯曲，穿过圆柱形管的侧面，并从另一端探出，然后让它像毛衣领子那样向外摊开，连接到圆柱形管的另一端。这样就得到了标准的"瓶子"形状，它在穿过侧面的地方自相交。正如克莱因所写的：这种形状"可通过内外翻转一段橡胶软管，并让它穿过自身，使得里面和外面接在一起来可视化"。

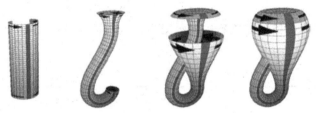

将圆柱形管的边缘接在一起，做出一个克莱因瓶

如果另有额外一个维度可用，我们就可以在穿过圆柱形管的侧面之前把一端拉进第四维，再在里面将它拉回普通三维空间，然后继续进行正常操作。这样就不会有自相交了。

克莱因瓶具有一个有趣的特性。下面这首打油诗（作者不详，或许这未尝不是件好事）就描述了这一点：

有位数学家名叫克莱因，

认为莫比乌斯带绝妙非凡。

他说："如果你用胶水粘起

两条莫比乌斯带的边缘，

你就会得到一个我的怪瓶。"

你知道这是如何实现的吗？

详解参见第299页。

一些精彩的视觉效果图，可参见：

plus.maths.org/issue26/features/mathart/index-gifd.html

另一个有趣的小知识：克莱因瓶上的任何地图可用至多六种颜色着色，使得相邻的区域具有不同的颜色。回想一下，球面或平面上的地图需要至多四种颜色（参见《数学万花筒（修订版）》第9页），环面上的则需要至少七种颜色。参见：

mathworld.wolfram.com/KleinBottle.html

统计数字

在生产数的天庭数字大工厂，会计将0–9每个数字的使用次数记录成册，以确保仓库库存充足。他们以如下标准格式记录数字的使用次数：

表GCNF007b：数字库存量
操作员　纽金特
日　期　27.1.09
生产的数

			4	7	4	0	4	5

每个数字的使用次数

0	1	2	3	4	5	6	7	8	9
1	0	0	0	3	1	0	1	0	0

填妥的表格交给会计部B.2.11

典型的库存表格

因此，比如这里数字4出现三次，纽金特就在上面印着4的方框中填上"3"。数要像本例那样靠右端方框写，前面的零可有可无。（这些零对本谜题来说无关紧要，但人们总是不免担心……）

有一天，纽金特像往常一样填写表格，然后他突然发现了一个值得注意的情况：记录在上下两行方框中的两个数（或数字序列）是相同的。

这个数是什么呢？

详解参见第300页。

〰 用棍子做乘法 〰

我们都知道当直尺或卷尺不够长时该如何测量长度。我们会量到尽可能远的地方，在终点处做个记号，然后再从那里量起，并将距离加在一起。这里运用了欧几里得几何的一个基本原理：如果将两条线段端对端地放在一起，并指向同一个方向，则它们的长度可以相加。

这意味着你可以使用两根棍子做出一个加法机。只需在棍子上的1, 2, 3, 4, …处做好记号，然后对齐棍子来求和。

上面棍子上的数比下面棍子上对应的数大3

这有啥了不起啊，你可能会说；确实，这个小工具也相当不实用。不过，它的一个"近亲"很实用——或者老实说，曾很实用。为了看出这一点，我们修改一下记号，将每个数用2的相应次幂替换。

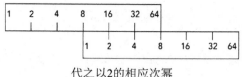

代之以2的相应次幂

现在，上面棍子上的数是下面棍子上对应数**乘以8**。我们的加法棍子于是变成了乘法棍子。这个把戏之所以能奏效，是因为下面这个众所周知的公式

$$2^a \times 2^b = 2^{a+b}$$

这太棒了，现在我们可以对2的幂做乘法了。

在过去计算机和计算器是闻所未闻，只能以魔法视之的时代，将两个数相乘是很辛苦的工作。但天文学家又需要做大量的乘法运算来记录恒星和行星的运行轨迹。所以约在1594年，苏格兰国王詹姆斯六世的宫廷医生詹姆斯·克雷格告诉了数学家约翰·纳皮尔关于**和差化积**的发现：丹麦的数学家发现了如何利用弗朗索瓦·韦达发现的一个公式做乘法：

$$\sin \frac{x+y}{2} \cos \frac{x-y}{2} = \frac{\sin x + \sin y}{2}$$

结合正弦表和余弦表，你就可以利用这个公式将乘法问题转换成简短的加法问题。有点复杂，但还是比传统的乘法快。

多年来，纳皮尔一直在努力寻找求乘积的有效方法，和差化积的发现让他意识到其实存在一种更好的方法。2的幂相乘的公式适用于任何同底数的幂。也就是说，对于任意数n，

$$n^a \times n^b = n^{a+b}$$

而如果你把n设为某个接近1的数，比如1.001，则连续两个幂之间的间隔将非常紧密，所以任何你感兴趣的数都会接近于n的某个幂。然后你就可以利用这个公式将乘法转换成加法。例如，我想计算3.52乘以7.85。取近似值，我们有

$$(1.001)^{1259} = 3.52$$

$$(1.001)^{2062}=7.85$$

因此，

$$3.52 \times 7.85 = (1.001)^{1259} \times (1.001)^{2062} = (1.001)^{1259+2062}$$
$$= (1.001)^{3321} = 27.64$$

精确值是27.632。并不糟，对吧！

要想更精确，你应该用1.000 000 1之类的数代替1.001。然后只需把那个数的比如前一百万次幂制成表，你就有了一种通过将相应的幂次相加做乘法且精确到约九位数的快速方法。不过，纳皮尔当初选择了使用比1小的0.999 999 9的幂，这样随着幂次越来越大，得到的数越来越小。

幸运的是，牛津大学教授亨利·布里格斯也对此感兴趣，并找出了一种更好的方法。所有这些最终催生了对数的概念，它把计算的过程逆转了过来。例如，由于$(1.001)^{1259}=3.52$，所以3.52以1.001为底数的对数是1259。一般而言，$\log_n x$是任何满足以下公式的数a

$$n^a = x$$

现在，n^{a+b}的公式可以被重新阐释为

$$\log xy = \log x + \log y$$

而不论以什么为底数。出于实用的目的，以10为底数是最佳的，因为我们一般使用的是十进制。数学家更喜欢以e（约等于2.718 28）为底数，因为它在涉及微积分的运算时表现更好。

很好，但这又与棍子有什么关系呢？好吧，我们之前在标记2的幂时所做的实际上是在棍子上按其对数做上记号。例如，由于$2^5=32$，32以2为底数的对数是5，所以我们在棍子上五个单位长度处写上32。

计算尺就是这样发明的，它基本上就是一个写在木头上的对数表。1622年，在前人发明的基础上，威廉·奥特雷德首次将两个这样的对数尺放在一起，通过滑动来直接做乘法和除法。计算尺长期以来被科学家和（尤其是）工程师广泛使用，直到约40年前被电子计算器所取代。

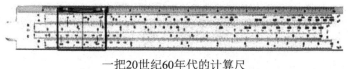

一把20世纪60年代的计算尺

现如今，计算尺基本上成了前数字时代的老式纪念品。我拥有两把：一把是我以前在学校里使用的，主要是在物理课上；另一把是我在跳蚤市场买的。想了解更多信息，可参见：

en.wikipedia.org/wiki/Slide_rule

www.sliderule.ca/

www.sliderules.info/

太阳照常升起

皮埃尔-西蒙·拉普拉斯最为人所知的成就是他的天体力学研究，但他其实也是概率论的先驱之一。开拓性工作往往问题较多，毕竟一些基本问题尚未探索明白；事实上，这正是先驱的应有之义。

拉普拉斯认为，如果我们每天早上观察日出，观察$n-1$天，那么我们可以推断出明天早上太阳不升起的概率是$1/n$。毕竟在n个早上，太阳已经升起了$n-1$次，所以太阳不升起的机会只剩1次。

忽略那个不合理的假设，则拉普拉斯的说法可以得出一个让人心安的推论：由于太阳已经连续万亿个早上都升起了，所以明天早上太阳不升起的概率极小。

不幸的是，拉普拉斯的论证存在一个小问题。暂且接受他设定的概率，则太阳总是会升起的概率是多少？

详解参见第300页。

数学家和猫 2

❑ 薛定谔养猫吗？

养，也不养。

❑ 海森堡养猫吗？

我不确定。

❑ 哥德尔养猫吗？

即使他真养了，我们也不可证明。

❑ 斐波那契养猫吗？

他显然养了很多兔子。

❑ 笛卡儿养猫吗？

他想他是。

❑ 柯西养猫吗？

这是个复杂的/复分析（complex）问题。

❑ 黎曼养猫吗？

这一猜想尚未得到证明。

❑ 爱因斯坦养猫吗？

他的一个亲戚/相对论（relative）养。

❑ 布劳威尔养猫吗？

嗯，他不是没有养猫。

❑ 威廉·费勒养猫吗？

很可能养。

❑ 费希尔养猫吗？

这个零假设在95%置信度上被排除。

有界质数幻方

回想一下，幻方是由数构成的方阵，其中所有行、列和对角线上的数之和都相同。

2777	1409	2339	1481	1061	2699	2087
2531	1889	2237	2459	1229	2081	1427
1367	2357	2399	1511	2027	1601	2591
2909	1031	1607	1979	2351	2927	1049
1301	2741	1931	2447	1559	1217	2657
1097	1877	1721	1499	2729	2069	2861
1871	2549	1619	2477	2897	1259	1181

有界质数幻方

小艾伦·约翰逊发现了一个完全由质数构成的7×7幻方。此外，它还是**有界**的：也就是说，图中用粗线标出的较小的5×5和3×3方阵也是幻方。

格林–陶哲轩定理

等差数列是指相邻两项的差都相等的一列数。例如，

$$17, 29, 41, 53, 65, 77, 89$$

其中每个数比前一个数大12。这个差值称为**公差**。

在这个有七项的数列中，许多数是质数，但有些不是（65和77）。不过，还是有可能找到所有七项都是质数的等差数列，就像这样：

$$7, 37, 67, 97, 127, 157$$

其公差是30。

　　长久以来，人们对质数等差数列的可能长度知之甚少。长度为2的质数等差数列有无穷个，因为任意两个质数均构成等差数列（它们只有一个差，也就是公差），而质数有无穷个。1933年，约翰内斯·范德科皮特证明了有无穷多个长度为3的质数等差数列。在此之后，问题再无进展。

　　计算机实验找到了长度直到25（截至本书写作时）的质数等差数列的例子。具体见下表。

长度k	质数等差数列（$0 \leqslant n \leqslant k-1$）
3	$3+2n$
4	$5+6n$
5	$5+6n$
6	$7+30n$
7	$7+150n$
8	$199+210n$
9	$199+210n$
10	$199+210n$
11	$110\,437+13\,860n$
12	$110\,437+13\,860n$
13	$4943+60\,060n$
14	$31\,385\,539+420\,420n$
15	$115\,453\,391+4\,144\,140n$
16	$53\,297\,929+9\,699\,690n$
17	$3\,430\,751\,869+8\,729\,721n$
18	$4\,808\,316\,343+717\,777\,060n$
19	$8\,297\,644\,387+4\,180\,566\,390n$
20	$214\,861\,583\,621+18\,846\,497\,670n$
21	$5\,749\,146\,449\,311+26\,004\,868\,890n$
22	$1\,351\,906\,725\,737\,537\,399+13\,082\,761\,331\,670\,030n$
23	$117\,075\,039\,027\,693\,563+1\,460\,812\,112\,760n$
24	$468\,395\,662\,504\,823+45\,872\,132\,836\,530n$
25	$6\,171\,054\,912\,832\,631+81\,737\,685\,082\,080n$

还有其他例子，这里列出的是对于给定长度k，最末一项最小的数列。

　　但在2004年，出乎大家意料地，整个问题被本·格林和陶哲轩彻底解决了。他们证明了存在任意长度的质数等差数列。他们的证明融合了十多个不同的数学领域，甚至估计了对于给定长度*k*，要确保能找到这样一个数列，质数需要找到多远。具体来说，它们不应该大于

$$2\hat{\ }2\hat{\ }2\hat{\ }2\hat{\ }2\hat{\ }2\hat{\ }2\hat{\ }100k$$

其中$a\hat{\ }b$代表a^b。这些数大得惊人，有猜想认为它们远不是最优的，应该可用$k!+1$替代，其中$k!=k\times(k-1)\times(k-2)\times\cdots\times3\times2\times1$，是$k$的阶乘。

这个定理有许多推论。其中之一是，存在如下任意大的幻方，其中每行和每列由等差数列中的质数构成。这对任意*d*的幻*d*维超立方也同样成立。

在格林和陶哲轩证明他们的定理前的1990年，安塔尔·鲍洛格证明了，如果这个结果成立，则存在任意大的质数集，其中任意两个质数的平均数也是质数，并且所有这些平均数都不相同。例如，以下六个质数

$$3, 11, 23, 71, 191, 443$$

构成了这样一个集合，其中15个平均数（比如(3+11)/2=7,(23+443)/2=233）都是不同的质数。所以现在鲍洛格的结果也得到了证明。

另一方面，人们很早就知道，所有质数等差数列的长度都是有限的。也就是说，如果你延续任何等差数列足够长度，你总会遇到一项不是质数。这与格林–陶哲轩定理并不矛盾，因为总有**其他**一些等差数列可以包含更多的质数。所以在这里，所有长度都是有限的，但长度的大小没有上限。

波塞利耶连杆机构

在蒸汽机发明之初，人们一度非常关注能将旋转运动转化为直线运动的机械连杆机构，比如通过转轮驱动泵。其中一个非常简洁且在数学

上十分精确的结构称为波塞利耶连杆机构，由法国军官夏尔-尼古拉·波塞利耶在1864年发明。立陶宛人李普曼·利普金也独立发明了这一结构。

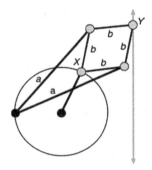

波塞利耶连杆机构

　　两个黑色铰链固定不动，四个灰色铰链将杆连在一起，并且X在圆上移动。两根标为a的杆一样长，四根标为b的杆一样长。当X在圆上移动时（它必定如此，因为杆的另一端在圆心），Y将沿着灰色直线上下移动。这个连杆机构将X的移动限在圆的一段弧上，所以Y也被限在一段线段上。

　　对其工作原理的（相当复杂的）证明、该连杆机构的动画及其背后更深层的数学思想的解释，可参见：

en.wikipedia.org/wiki/Peaucellier–Lipkin_linkage

π 的更好的近似值

　　π的一个众所周知的近似值是22/7，它对于学校教学来说很方便，因为它简单又好用。但它并不精确——表示为小数，

　　　　22/7=3.142 857 142 857…

而

$$\pi=3.141\ 592\ 653\ 589\ldots$$

一个更精确的近似值是

$$355/113=3.141\ 592\ 920\ 353\ldots$$

它与π的前六位小数是一致的，这对于一个简单分数来说已经不错了。事实上，只使用这种大小的数的话，355/113是π的最好的近似值。

22/7的小数形式无限重复同样的数字序列142857。正如之前在第160页提到的，这是分数的一般特征：如果你将一个分数写成小数形式，那么它要么有限，要么"无限循环"：不停重复同一串数字，永远继续下去。反过来，所有有限的或无限循环的小数等于精确分数。

可表示为有限小数的分数的一个例子是

$$3/8=0.375$$

可表示为无限循环小数的一个例子是

$$5/12=0.416\ 666\ 6\ldots$$

在某种意义上，3/8的小数形式也是无限循环的，因为我们可以将它写成

$$3/8=0.375\ 000\ 000\ 00\ldots$$

但结尾处的0通常略去。

355/113的小数形式看上去似乎不会出现重复，但事实上它会——在第112位小数之后！而且112=113-1也并不是巧合，不过这里篇幅所限，就不解释个中原因了。如果你算到了那一位，你会得到

$$355/113=3.141\ 592\ 920\ 353\ 982\ 300\ 884\ 955\ 752\ 212\ 389\ 380$$
$$530\ 973\ 451\ 327\ 433\ 628\ 318\ 584\ 070\ 796\ 460\ 176$$
$$991\ 150\ 442\ 477\ 876\ 106\ 194\ 690\ 265\ 486\ 725\ 663$$
$$716\ 8\ldots$$

接着便开始重复小数点后起的数字。

由于π是无理数（不等于某个精确分数），所以它的小数形式永远不会反复重复同一串数字。约翰·郎伯在1770年证明了这一点。

π的下两个近似值是103 993/33 102和104 348/33 215。

✅ ✅ 仅限微积分熟手 ✅ ✅

1944年，D.P. 达尔泽尔发表了一篇短文，其中包含以下这个有趣的公式

$$\int_0^1 \frac{x^4(1-x)^4}{1+x^2}dx = \frac{22}{7} - \pi$$

它将π及其最常见的近似值22/7与一个积分联系了起来。只需一点点微积分知识，你就可以验证这个公式，因为

$$\frac{x^4(1-x)^4}{1+x^2} = x^6 - 4x^5 + 5x^4 - 4x^2 + 4 - \frac{4}{1+x^2}$$

其中每一项都是常见积分。从最后一项得到π，从其余项得到22/7。不过，这个公式之所以重要，是因为要积分的函数在0到1范围内是正的。而从0到1的积分恰是函数的平均值，所以也一定是正数。由于相关的函数并不总为零，所以我们可推得π小于22/7。这是证明这个常用近似值不精确的一种简单方法。

这个公式也给出了对误差的估计，因为$x^4(1-x^4)/(1+x^2)$在0到1上的最大值是1/256，所以其平均值至多是1/256。因此，

$$\frac{5625}{1792} = \frac{22}{7} - \frac{1}{256} < \pi < \frac{22}{7}$$

再努力一点，你可以证明误差至多是1/630。

事实证明，这个公式的故事还没有结束（更多细节参见第300页）。2005年，斯蒂芬·卢卡斯开始考虑改进后的π的近似值，也就是我们在上一篇遇到过的355/113，并发现了以下公式

$$\int_0^1 \frac{x^8(1-x)^8(25+816x^2)}{3164(1+x^2)}dx = \frac{355}{113} - \pi$$

它也是相当优雅的。再一次地，要积分的函数是正数，所以该公式证明了π（略）小于355/113。

雅典娜神像

根据一本中世纪谜题书的记载，雅典娜神像上刻有如下铭记：

我由五位诗人慷慨捐赠的纯金铸成。卡里修斯出了一半，瑟斯潘出了八分之一，索伦出了十分之一，瑟密森出了二十分之一，剩下的九塔兰特黄金则由好心的阿里斯多德科斯提供。

雅典娜神像使用了多少黄金？（塔兰特是古代的重量单位，约合1公斤。）

详解参见第301页。

计算器趣题 3

拿出计算器，计算以下算式：

6×6
66×66
666×666
6666×6666
66666×66666
666666×666666
6666666×6666666
66666 666×66666666

直到计算器位数不够用。然后你应该能猜到接下去会发生什么。

详解参见第301页。

补齐幻方

传统的3×3幻方看上去如下图所示，其中每一格包含一个不同的数，每一行、列及对角线上的数之和是15。

8	3	4
1	5	9
6	7	2

传统幻方

现在你的任务是找到一个满足同样条件的方阵，但要求上面一行的中间那格的数是8，就像这样。

	8	

从这个局面开始

详解参见第301页。

外观数列

数学中最奇异的数列之一是由约翰·康威发明的。它的头几项是

    1　11　21　1211　111221　312211　13112221　1113213211

❑ 生成这个数列的规则是什么？本篇的标题给出了提示。

❑ 这个数列中第n项大致有多长？（仅适合专家尝试）

详解参见第302页。

非数学家论数学

没有数学知识，我们就无法理解这个世界的事情。（罗吉尔·培根）

我曾有一次对数学突然来了感觉——我洞悉了一切。九天之上，九渊之下，我都一览无遗。我眼见一个量在无穷中变化，其符号由正变负，就如同人们目睹金星凌日甚或市长游行一般。我也明白为什么它会如此以及为什么变化不可避免，但那是在晚饭后，感觉很快走了。（温斯顿·丘吉尔爵士）

数学仿佛赋予了人一种新的感知。（查尔斯·达尔文）

对于物理学家来说，数学不仅仅只是可用来对现象加以计算的工具，它更是创建新理论所必需的概念和原理的主要源泉。（弗里曼·戴森）

别担心你头疼数学。我告诉你，我更头疼。（阿尔伯特·爱因斯坦）

方程是数学的无聊部分。我试图用几何看待数学。（斯蒂芬·霍金）

任何处理不了数学的人不是完全的人。他充其量是可以忍受的类人，只是学会了穿鞋，洗澡，不把房子弄得一团糟。（罗伯特·海因莱因）

数学可以被比作一个能将东西研磨成任意细度的精密磨坊，但你得到什么取决于你放进去什么。正如世界上最宏大的磨坊也不能将豆荚研磨成小麦粉，长篇累牍的公式也无法从有问题的数据中得到确定的结论。（托马斯·赫胥黎）

医学使人生病，数学使人悲伤，神学使人感到有罪。（马丁·路德）

我告诉他们，如果他们让自己钻研数学，他们会发现这是克服肉体欲望的最好解药。（托马斯·曼）

她只知道如果她如此这般做了或说了，那么男人肯定会如此那般恭维一番。这就像一个数学公式，并不难，因为数学是郝思嘉在学生时代觉得容易的科目。（玛格丽特·米切尔）

数学中最大的未解定理是，为什么有些人比其他人更擅长数学。（阿德里安·马瑟西斯[*]）

数学的进步和完善与国家的繁荣昌盛紧密相关。（拿破仑一世）

数学命题并没有表达思想……我们使用数学命题，只是为了从一个不属于数学的命题推断出另一个同样不属于数学的命题。（路德维希·维特根斯坦）

数学是一个由纯粹的智力创造的独立世界。（威廉·华兹华斯）

我很遗憾地说，我最不喜欢的科目就是数学。我想过这个问题。我觉得原因在于数学没有争论的余地。如果你犯了一个错误，那就是你错了。（马尔科姆·X）

就像孔雀头上的冠羽，数学是一切知识之冠。（一则印度古谚语）

欧拉猜想

费马大定理说，两个非零正整数的立方无法相加得到一个立方，四次、五次或更高次幂也是如此。它已被安德鲁·怀尔斯在1994–1995年间证明（参见《数学万花筒（修订版）》第49页）。欧拉是最早研究这个问题的人之一，他证明了费马大定理在立方的情况时成立：两个非零立方不能相加得到一个立方。但他也注意到三个立方可以相加得到一个立方。事实上，

$$3^3 + 4^3 + 5^3 = 6^3$$

于是欧拉猜想，至少需要四个四次幂相加才能得到一个四次幂，至少需要五个五次幂相加才能得到一个五次幂，依此类推。

但不像费马，欧拉错了。1966年，利昂·兰德和托马斯·帕金发现

---

[*] Adrian Mathesis? 这看上去像个假名。

$$27^5 + 84^5 + 110^5 + 133^5 = 144^5$$

这一直是欧拉猜想不成立的唯一反例，直到1988年，诺姆·埃尔基斯又发现

$$2\,682\,440^4 + 15\,365\,639^4 + 18\,796\,760^4 = 20\,615\,673^4$$

事实上，埃尔基斯证明了，存在无穷多的三个四次幂加起来得到一个四次幂的例子，但它们大多涉及非常大的数。罗杰·弗赖伊利用计算机通过试错找到了最小的反例：

$$95\,800^4 + 217\,519^4 + 414\,560^4 = 422\,481^4$$

第一百万位数字

假设我们依次写出所有整数，并把它们放到一起，就像这样：

　　123456789101112131415161718192021222324 2526…

那么这个数的第一百万位数字是什么？

详解参见第302页。

海盗之道

辘轳群岛最凶猛的海盗红胡子船长忘记了一个至关重要的信息：他在香蕉群岛上银行的位置。为了躲避税务机构的注意，他把战利品都存在了那家银行里。他知道银行在哪条街上，但避税天堂街上有三十多家银行，它们都没有名字，外观也一模一样。

幸好，他手上还有一张地图可参考。

他把银行的位置巧妙隐藏在了这张地图里：它是从P开始，沿线逐个

字母拼出单词PIRATE（海盗）的不同方式的数目。

红胡子船长的地图

红胡子船长银行的位置是什么？

详解参见第303页。

侧线避车

两列火车，艾奇逊快车号（A）和托皮卡子弹头号（B），沿着同一条单轨铁路相对而行。每列火车都是一节车头拖着九节车厢，并且两节车头和所有车厢的长度都相同。避车时，侧线在任何时候不能容纳总共超过四节车厢或车头。

我们过不去了，是不是？

这两列火车能否交错而过？如果能的话，应该如何做？

详解参见第304页。（提示：车厢可脱离）

请明确您的意思

亚伯拉罕·弗伦克尔

德裔以色列数理逻辑学家亚伯拉罕·弗伦克尔，有一次在特拉维夫坐公共汽车。汽车原定9:00准时发车，但到了9:05它还没有出站。

不满的弗伦克尔于是向司机挥了挥公交时刻表。

"您是——德国人或教授？"司机问道。

"您是指逻辑或，还是异或？"弗兰克尔答道。*

平方数、数列和数字之和

数列

$$81, 100, 121, 144, 169, 196, 225$$

由七个连续的平方数构成。它有一个有趣的特征：这些数的各位数字之和也是一个平方数，比如$1+6+9=16=4^2$。

找出另一个具有同样特征的由七个连续平方数构成的数列。

详解参见第305页。

---

* 也就是说，您是允许这两件事情都发生，还是只允许一件？

希尔伯特的暗杀名单

1900年，德国数学家大卫·希尔伯特在巴黎的世界数学家大会上发表了一场著名演讲，提出了23个最重要的数学问题。他没有把费马大定理列进去，但在引言中提及了。下面是希尔伯特问题及其现状的概述。

1. 连续统假设

在康托的无穷集基数理论中（参见《数学万花筒（修订版）》第152–156页），是否存在一个严格位于整数集基数和实数集基数之间的数？

由保罗·科恩在1963年解决——答案两可，取决于你为集合论选定哪些公理。

2. 算术的内在逻辑一致性

证明算术的标准公理永远不会导致自相矛盾。

由库尔特·哥德尔在1931年解决。他证明了，这无法通过集合论的通常公理实现（参见《数学万花筒（修订版）》第198页）。另一方面，格哈德·根茨在1936年证明了，这**可以**通过使用超限归纳法实现。

3. 相同体积的四面体

如果两个四面体有相同体积，是否总是能将其中一个四面体剖分成有限个小多面体，并将它们重组成另一个四面体？

希尔伯特认为**不能**。由马克斯·德思在1901年解决——希尔伯特是对的。

4. 直线作为两点之间的最短距离

根据"直线"的上述定义建立几何公理，并研究会发生什么。

这个问题太宽泛，没有明确的解，但人们在这方面做了很多工作。

5. 不需假设可微性的李群

变换群理论的技术问题。

它的一种阐释由安德鲁·格利森在1952年解决。但如果将它阐释为希尔伯特–史密斯猜想，[*]则它仍未解决。

6. 物理学公理化

为物理学的数学内容（比如概率论和力学）发展严谨的公理系统。

安德烈·柯尔莫哥洛夫在1933年为概率论建立了公理系统，但这个问题本身有点含糊，并大体上尚未解决。

7. 无理数与超越数

证明某些数是无理数（不是精确分数）或超越数（不是有理系数多项式方程的解）。特别地，证明如果a是代数数，b是无理数，则a^b是超越数。例如，$2^{\sqrt{2}}$是超越数。

由亚历山大·格尔丰德和特奥多尔·施耐德在1934年分别独立解决。

8. 黎曼猜想

证明黎曼ζ函数的所有非平凡零点都位于实部为1/2的直线上。

未解决。这可能是数学上最大的未解难题（参见《数学万花筒（修订版）》第208页）。

9. 数域中的互反律

经典的二次互反律（由欧拉猜想，由高斯在1801年证明）指出，如果p和q是奇质数，则（借用第57页符号）当且仅当$q \equiv y^2 (\mathrm{mod}\, p)$有一个解时，方程$p \equiv y^2 (\mathrm{mod}\, q)$有一个解，除非$p$和$q$都形为$4k-1$，这时一个方程有一个解，另一个方程无解。将这个定律推广到其他幂次。

部分解决。

10. 判定丢番图方程何时有解

对于一个含多个变量的多项式方程，找到一个可判定其是否存在整数解的算法。

---

[*] p进数群不会忠实群作用于流形。希望这会有所帮助。

1970年，尤里·马季亚谢维奇在朱莉娅·罗宾逊、马丁·戴维斯和希拉里·帕特南的前人基础上，证明了不存在这样的算法。

11. 代数系数的二次型

可引出对多变量二次丢番图方程的解的更好理解的技术问题。

部分解决。

12. 阿贝尔域上的克罗内克定理

推广克罗内克关于复单位根的定理的技术问题。

仍未解决。

13. 用特殊函数解七次方程

尼尔斯·亨里克·阿贝尔和埃瓦里斯特·伽罗瓦证明了不能用n次根解一般的五次方程，但夏尔·埃尔米特证明了可以用椭圆模函数解这种方程。证明不能用两变量函数解一般的七次方程。

这个问题的一个变体被安德烈·柯尔莫哥洛夫和弗拉基米尔·阿诺尔德证否。另一个合理的阐释仍未解决。

14. 完备函数系的有限性

将希尔伯特一个关于特定变换群的代数不变量的定理扩展到所有变换群。

由永田雅宜在1959年证否。

15. 舒伯特计数演算

舒伯特找到了一种对各种几何构形进行计数的非严谨方法，通过使它们尽可能奇异（比如很多直线重叠，很多点重合）。使这一方法变严谨。

在特殊情形下有所进展，尚未完全解决。

16. 曲线和曲面的拓扑结构

定义在平面上的给定次数的代数曲线可以有多少个连通分支？定义在平面上的给定次数的代数微分方程可以有多少个不同的极限环？

在特殊情形下有有限进展，尚没有完整的解。

17. 有理函数的平方和表示

如果一个有理函数总是有非负值，它必定能表示成有理函数的平方和吗？

由埃米尔·阿廷、D.W. 杜波依斯和阿尔布雷希特·普菲斯特解决。它对实数是成立的，但对某些更一般的数系并不成立。

18. 用多面体密铺空间

用不规则多面体密铺（欧氏或非欧氏）空间的一般问题。希尔伯特还提到球堆积问题，特别是开普勒猜想，即在空间中堆积球的最有效方式是面心立方晶格。

开普勒问题由托马斯·黑尔斯通过计算机辅助证明解决（参见《数学万花筒（修订版）》第224页）。多面体密铺问题也已得到解决。

19. 变分法的解的可解析性

变分法解决的是诸如"找出具有如下属性的最短曲线"这样的力学问题。如果这样一个问题由性质良好的（可解析）函数定义，那么解也必定同样是性质良好的（可解析）解吗？

由恩尼奥·德乔治和约翰·纳什在1956–1958年间用不同方法证明。

20. 边值问题

理解物理学中有边界条件的微分方程的解的性质。例如，数学家能够找出，当边缘固定时，给定形状的鼓面会如何振动，但如果边缘具有更复杂的约束方式呢？

在无数数学家的共同努力下，已基本解决。

21. 具有给定单值群的微分方程的存在性

有一类著名的复微分方程称为富克斯方程，它们可通过其奇点和单值群（对此我不都打算尝试去解释）加以理解。证明这些数据的任意组合都可以出现。

对此问题的回答取决于阐释。

22. 利用自守函数将解析函数单值化

代数方程可通过引入适当的特殊函数来加以简化。例如，方程 $x^2 + y^2 = 1$ 可通过设 $x = \cos\theta$，$y = \sin\theta$ 来求解，其中 θ 为一般角度。庞加莱证明了，任意两变量代数方程都可通过这种方式"单值化"。这个问题是将这些想法推广到解析方程的技术问题。

由保罗·克伯在1904年解决。

23. 变分法的发展

在希尔伯特的时代，变分法有被人们忽略的危险，所以他呼吁为此注入新鲜思想。

取得了很多进展，但问题本身不明确，不能视为已解决。

2000年，德国历史学家吕迪格·蒂勒在希尔伯特的未发表手稿中发现，希尔伯特原本是打算提出第24个问题的。

24. 证明论中的简单性

发展一种关于数学证明中的简单性和复杂性的严格理论。

这与计算复杂性的概念以及著名的（未解决的）P=NP?问题（参见《数学万花筒（修订版）》第193页）密切相关。

应关闭哪家医院？

统计学家知道，当你将统计数据合并起来时，可能会出现奇怪的事情，比如辛普森悖论。下面我通过一个例子来加以说明。

卫生部正在收集外科手术成功率的数据。圣安波罗修医院和班布尔综合医院位于同一个地区，卫生部打算关闭这两家医院中手术成功率较低的一家。

    ☐ 圣安波罗修医院对2100例病患实施了手术，其中63人（3%）死亡。

    ☐ 班布尔综合医院对800例病患实施了手术，其中16人（2%）死亡。

在部长看来，情况一目了然：班布尔综合医院死亡率较低，所以他应该关闭圣安波罗修医院。

    不用说，圣安波罗修医院院长提出了异议。他解释道，有一个很好理由要对此重加考虑，并请求部长将数据细分成两个类别：男性和女性。部长有点犹豫是不是要这样做，因为他觉得班布尔综合医院的整体表现显而易见应该仍会更好。但事实胜于雄辩，所以他还是指示将数据按性别进行细分，并得到以下数据。

    ☐ 圣安波罗修医院对600名女性和1500名男性实施了手术，其中6名女性（1%）和57名男性死亡（3.8%）。

    ☐ 班布尔综合医院对600名女性和200名男性实施了手术，其中8名女性（1.33%）和8名男性死亡（4%）。

注意到这些数据没有问题，它们加起来与原始数据一致。

    但奇怪的是，在这**两个**类别中，班布尔综合医院的死亡率都高于圣安波罗修医院的，而在合并起来的数据中，圣安波罗修医院的死亡率高于班布尔综合医院的。

    最后，部长只好让两家医院都继续开张，因为要是闹到法庭上，无论哪种统计方式都会有异议。

如何将一个球面的里面翻到外面

1958年，美国著名数学家斯蒂芬·斯梅尔（当时他还在读研究生）解决了一个重要的拓扑学问题。但他的定理是如此出人意料，以至于他的论文导师阿诺德·夏皮罗一开始都不相信，而是认为存在一个显而易见的反例，可证明这个定理不成立。斯梅尔定理的一个推论是，你可以仅通过连续的平滑变换就将一个球面的里面翻到外面。也就是说，你不能撕开它，也不能掏个洞，你甚至不能在它上面弄出明显的折痕。

直觉上看，这似乎是荒谬的。但在这里，直觉错了，斯梅尔是对的。

我们都知道，无论我们如何扭曲和翻转一个气球，外面的仍在外面，里面的仍在里面。但斯梅尔的理论并不与此矛盾，因为它允许一类使用气球做不出来的变换，即允许曲面穿过它自身。然而，它必须以平滑的方式穿过，不能产生明显的折痕。如果允许有折痕，那么将球面"外翻"是很简单的。只需挤压相对的两个半球，使之互相穿过，并在赤道处形成一根圆管，然后继续挤压，使圆管收缩，直至消失。但这种方法在赤道处生成了一个越来越明显的折痕，而斯梅尔定理中的技术性定义不允许这样。

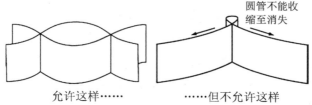

允许这样…… ……但不允许这样

所以斯梅尔是对的，而将球面外翻的具体方法在原理上可一步一步遵循其定理的证明。但在实践中这太过复杂，第一种可操作的具体办法由夏皮罗和安东尼·菲利普斯发明，用到了现在所谓的中途模型。

拓扑学家早就知道有些曲面只有"一个面"。最著名的例子是莫比乌斯带（参见《数学万花筒（修订版）》第109页），另一个是克莱因瓶（参见第169页）。球面有两个面，你可以把里面涂上红色，把外面涂上蓝色。但如果你为莫比乌斯带或克莱因瓶着色，红漆最终会遇上蓝漆：任意一个小的区域的初看上去的"里面"和"外面"，最终会在这个带子的远处接在一起。

现在，出现了另一种只有一个面的曲面：射影平面，它与球面密切相关。事实上，你可以这样在数学上构造射影平面：取一个球面，并假装球面上沿直径相对的对跖点是同一点——也就是说，它们"粘"到了一起。由此得到的曲面如果不允许它穿过自身，就无法在三维空间中表示出来。但它可以"浸入"三维空间，意味着它的一部分可以平滑地穿过它的其他部分。

由于射影平面是将对跖点粘在一起的球面，所以通过将粘在一起的点拆开就可以将射影平面拉开成球面，得到靠得非常近的分开的两层。其中一层相当于球面的里面，另一层是外面。然而，由于射影平面没有里外之分，所以可以沿两个不同方向将它们拉开。如果我们将这两层分别称为红层和蓝层，则随着将两层沿不同方向拉开，两种颜色会分别与球的里面和外面相对应。沿一个方向拉开时，红色在里面，蓝色在外面；而沿另一个方向拉开时，红色在外面，蓝色在里面。

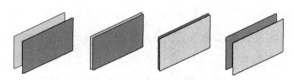

红层和蓝层如何在中途阶段交换位置

因此，将球面外翻的一种方法是从一个浸入的射影平面着手。沿一个方向把它拉开成一个球面，红色在外面，蓝色在里面。接着光滑地变换这个球面，直到它看起来像一个正常的球面，只留红色在外面。这可能并不容易做到，并且这可以做到也不是那么显而易见。但只要你试一下，你会发现这确实可以做到。

现在回到中途阶段，沿另一个方向将射影平面拉开成一个球面，这时蓝色在外面，红色在里面。接着光滑地变换这个球面，直到它看起来像一个正常的圆球，只留蓝色在外面。

现在，逆转第一个变换，并将两个变换结合在一起。因此，将一个外红里蓝的球面进行一番平滑变换，直到对跖点在中途的射影平面上重合。然后使两层互相穿过，并沿第二个变换的另一个方向拉开。最后便可得到一个外蓝里红的球面。

沿两个不同方向拉开投影平面……

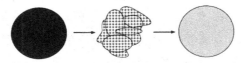

……然后逆转第一个变换，并将两个变换结合在起来

目前已知射影平面的多种不同的浸入。其中知名的一个是博伊曲面。1901年，伟大的德国数学家大卫·希尔伯特给自己的学生维尔纳·博伊出了一道题：证明射影平面**不能**浸入三维空间。像斯梅尔一样，博伊不同意自己导师的观点。也像斯梅尔一样，他是对的。博伊发现了一个浸入三维空间的曲面，后者因而便以他的名字命名。

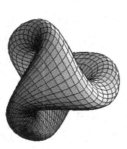

博伊曲面

夏皮罗–菲利普斯方法中的一个高阶阶段

　　另一种将球面外翻的完全不同的方法则源自于几何学家威廉·瑟斯顿的一些一般性观察。瑟斯顿设计了一种方法，先将球面挤出波纹，使之看上去有点像一个夸张的蜜橘，很多橘瓣都鼓了出来。这可以通过一个光滑变换完成。然后挤压橘子的北极和南极，使其互相穿过对方，生成赤道处的一系列手柄。将所有手柄同时扭转180度。然后将南北极点拉开，生成另一个橘子形状，只是现在原始球面的里面和外面调了位置。剩下的只需抹平波纹了。

瑟斯顿的方法

　　所有这些将球面外翻的方法都极其复杂，不好理解，即便辅以很多图片和说明。如果你希望更充分地了解这个主题，可参考一个精彩的视频：

www.youtube.com/watch?v=c_O58ewaoPk

它由明尼苏达大学几何学研究中心（可惜现在关闭了）的数学家制作而成，通过精湛的计算机绘图技术介绍了各种不同的将球面外翻的方法是如何运作的。更多信息可参见：

www.geom.uiuc.edu/docs/outreach/oi/

　　有趣的是，你无法将一个圆的里面翻到外面而不生成折痕——这也是人们直觉上认为无法将球面如此外翻的部分原因。要将球面外翻，你需要三个维度提供的更多回旋余地。

火柴智力题

取走恰好**两根**火柴，得到两个等边三角形。

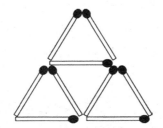

取走恰好两根火柴，得到两个等边三角形

详解参见第306页。

一根绳子走进一个酒吧……

一根绳子走进一个酒吧，点了一杯啤酒。

"对不起，"酒吧服务员说，"我们不卖酒给绳子。"

绳子只好悻悻地走回街上。走了不远，他遇到了一个陌生人。

"你看上去需要喝杯啤酒，"陌生人说，"热乎乎的啤酒很提神。"

"我试过了，但酒吧服务员不肯卖酒给我，因为我是根绳子。"

"我有办法。"陌生人说。他将绳子打了个结，并将绳子的末端磨破。
"再试试看。"于是绳子回到那个酒吧，再次要了一杯啤酒。

"你不是我刚才赶走的那根绳子吗？"酒吧服务员狐疑地问道，"你
看上去跟他很像。"

"不，"绳子答道，"I'm a frayed knot（我是个磨破的结）/I'm afraid not
（我想不是）。"

❧ **切蛋糕** ❧

　　如果你将一个圆形蛋糕切一、二、三或四刀，你可得到的最多块数分别是二、四、七或十一块。（切的时候不许移动切过的蛋糕。）

　　那么切五刀你可得到的最多块数是多少？

切一、二、三或四刀时的最多块数

详解参见第306页。

❧ **圆周率符号的起源** ❧

　　1647年，英格兰数学家威廉·奥特雷德将圆的直径与周长之比写成 δ/π。在这里，希腊字母 δ（delta）是diameter（直径）的首字母，希腊字母 π（pi）是perimeter和periphery（边）的首字母。另一位英格兰数学家艾萨克·巴罗在1664年也使用了同样的符号。苏格兰数学家戴维·格雷戈里（著名的詹姆斯·格雷果里的侄子）类似地用 π/ρ 表示圆的周长与半径之比［希腊字母 ρ（rho）是radius（半径）的首字母］。但对于所有这些数学家而言，这些符号指代的是不同的长度，取决于圆的大小。

　　1706年，威尔士数学家威廉·琼斯用π来表示圆的周长与直径之比。在同一本书中，他还给出了约翰·梅钦计算的 π 的100位小数。

　　18世纪30年代早期，欧拉使用了符号p和c（如果继续用下去，历史也许是另一番面目），但在1736年，他改变了主意，开始以其现代意义使用符号π。这个符号在他1748年出版《无穷分析引论》之后开始变得通用。

镜子大厅

如果有人在一个布满镜子的大厅里划亮一根火柴，那么从其他任何位置都能看到这根火柴吗（如有必要，光线可经多次反射）？

让我将这个问题描述得更准确些。我们将只关注二维空间，即平面。回想一下，当光线射到一面平面镜时，它会以相同角度被反射回来。假设平面上有一个房间（一个多边形区域），其边都是平面镜。一个点光源被置于房间内某处。那么这个光源，或许经过多次反射，能从房间内的其他任何地方看到吗？此外，射到多边形的任意一个角上的光都会被吸收而中止。

维克多·克利在1969年提出了这个问题，但问题至少可追溯到20世纪50年代的恩斯特·施特劳斯。1958年，莱昂纳尔·彭罗斯和罗杰·彭罗斯父子发现，对于一个边是弧形的房间，这个问题的答案是否定的。但对于多边形房间，问题一直没有定论。直到1995年，乔治·托卡尔斯基才最终解决了这个问题，答案同样是"不能"。他找到了许多具有这种特征的房间，下图便是其中之一。它有38条边，并且每个角都位于一个正方形网格上。

托卡尔斯基的镜子大厅

木星–特洛伊群小行星

　　有两个不同寻常的小行星群分居木星前后，与它共用轨道，一起围绕太阳运行。同小行星带中的小行星群（参见第111页）一样，尽管它们"聚集成群"，但小行星之间仍然隔着很大的距离：太空很**大**。其中一个小行星群（希腊阵营）分布在木星前方60度的位置，另一个小行星群（特洛伊阵营）则分布在木星后方60度的位置。两个小行星群中的小行星（大多）以荷马史诗《伊利亚特》中战争双方的角色命名。

　　特洛伊群在20世纪初的发现验证了意大利裔法国数学家约瑟夫-路易·拉格朗日在1772年作出的一个预测。他计算了在一个只有一颗行星沿圆形轨道绕太阳运行的微型太阳系中引力和离心力的综合效应。这是对任何具有圆形轨道的二体引力系统（比如地球和月球）的一个很好近似。他的计算表明，系统中存在五个点，在其上引力和离心力恰好相互抵消，使得位于这些点的小质量天体相对于这两个天体静止。这些点被称为**拉格朗日点**L_1-L_5。

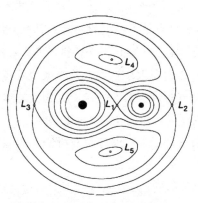

拉格朗日点和相关的能量等高线

- □ L_1位于太阳和行星的连线上，且在太阳和行星之间。
- □ L_2位于太阳和行星的连线上，且在行星的一侧。
- □ L_3位于太阳和行星的连线上，且在太阳的一侧。
- □ L_4位于以太阳和行星的连线为底的等边三角形的第三个顶点上，且在行星前方。
- □ L_5位于以太阳和行星的连线为底的等边三角形的第三个顶点上，且在行星后方。

更准确地说，在拉格朗日之前几年，欧拉证明了点L_1, L_2和L_3存在，而后拉格朗日发现了另外两个点。拉格朗日之所以做这个计算，是为了攻克更一般的三体问题。牛顿已经指出，对于两个天体的系统，轨道是椭圆的。自然而然，进一步的问题是三个天体的情况会如何。事实证明这是一个非常难的问题，而我们现在知道了原因：此时的轨道是混沌的（参见《数学万花筒（修订版）》第114页）。

点L_4和L_5是稳定的，只要太阳的质量至少是行星质量的

$$\frac{25+3\sqrt{69}}{2} \approx 24.96$$

倍。也就是说，位于这样一个点的天体，即便被稍有扰动，仍然会停留在该点附近。（其他三个点是不稳定的。）但人们一直没有发现位于这些点上的天体，直到天文学家观察到出乎意料多的小行星位于太阳–木星系统的L_4和L_5点附近。它们在木星轨道上散布成"香蕉"形状，恰好与那些点附近的能量等高线形状一致。之后，人们又陆续发现了其他例子。

- □ 太阳–地球系统的L_4和L_5点包含星际尘埃。
- □ 地球–月球系统的L_4和L_5点可能在所谓科尔迪莱夫斯基云中包含星际尘埃。
- □ 太阳–海王星系统的L_4和L_5点包含柯伊伯带天体（这是一类包括如今冥王星的小型天体，其中大部分的轨道要比冥王星还远）。

❑ 土星–土卫三系统的L_4和L_5点包含小卫星土卫十三和土卫十四。

❑ 土星–土卫四系统的L_4和L_5点包含小卫星土卫十二和土卫三十四。

尽管其他三个拉格朗日点不稳定，但它们被称为晕轨道的稳定轨道包围，所以空间探测器或其他人造天体可以借助极少的燃料就维持在这些点附近。哈勃空间望远镜的继任者詹姆斯·韦伯空间望远镜（计划在2013年或之后发射），将被安置在太阳–地球系统的L_2点处。身处这个点，望远镜将与地球和太阳构成一定的相对位置，这样用一个固定遮光板就可以屏蔽来自这两个天体的光线干扰。唯一尚未在实际或规划的任务中出现的拉格朗日点是L_3。不过，所有五个点在众多科幻故事中都已被用到。

更多信息可参见：

en.wikipedia.org/wiki/Lagrangian_point

❧❧ 滑动硬币 ❧❧

这是一道好玩的酒吧谜题。取六枚硬币，按下面左图所示排列并分别编号为1–6。一次滑动一枚硬币，不能弄乱其他硬币，使之重新排列成右图所示的顺序。

如何才能通过尽可能少的滑动来解决这道谜题呢？

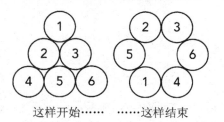

这样开始……　……这样结束

详解参见第307页。

怎样才能赢……

……两个6？

斯诺里·斯图鲁松的萨迦《挪威王列传》（相信你肯定对它很熟悉）第94章讲述了挪威国王奥拉夫一世[*]和瑞典国王[†]通过一个骰子游戏来决定希辛岛归属的故事。

在博学的索尔斯泰恩建议下，两位国王同意掷一对骰子，看谁的点数大，谁就拥有这座岛。

通过抽签，瑞典国王先掷。他掷出骰子，得到两个6。"你不用掷了，"他说，"我不会输的。"

"陛下，骰子仍有两个6呢，"奥拉夫边摇手中的骰子边说，"让骰子如此这般着地对上帝来说是轻而易举的。"说完，他掷出了骰子……

你猜接下来发生了什么？

详解参见第307页。

---

[*] 即特里格弗·奥拉夫松之子奥拉夫·特里格瓦松，995年到1000年间的挪威国王。在骰子游戏之前，奥拉夫曾向瑞典女王高傲的西格里德求婚，以期统一斯堪的纳维亚半岛。但她的反应并不积极。

[†] 根据时间判断，他似乎应该是富有的奥洛夫。事实上，他是战无不胜的埃里克和高傲的西格里德的儿子。世界真小。

无限猴子定理

有人说，如果一只猴子坐在一台打字机前不停地随机按键，那么最终它会打出莎士比亚全集。这个说法以戏剧化的方式阐述了关于随机序列的两件事：(1) 一切皆有可能出现；(2) 因此，得到的结果**不一定看上去是随机的**。无限猴子定理则更进一步，指出如果猴子一直打字，那么它最终会打出任意指定文本的概率为1。

要检验这个命题，你只需两个具有不同颜色或其他任意可区分特征的骰子，以及一个符号表格。其中表格的右下角是空格。

骰子1

	1	2	3	4	5	6
1	A	B	C	D	E	F
2	G	H	I	J	K	L
3	M	N	O	P	Q	R
4	S	T	U	V	W	X
5	Y	Z	.	,	:	;
6	'	"	-	?	!	

骰子2

模拟的猴子

掷这两个骰子，根据点数选择相应的符号，并把它们写下来。比如，如果你掷到4/1，那你就写下字母D。继续这一过程，看用多长时间你才能得到一个由三个或以上字母构成的有意义单词。以下两个计算应该能进一步证实你的体验：

❑ 平均而言，需要掷多少次才会得到"DEAR SIR"（包括单词之间的空格）？

❑ 平均而言，需要掷多少次才能得到莎士比亚全集？不妨假设他的全部作品包含5 000 000个字符，并且这些字符全部在符号表格中。这不是事实，但姑且这样假设。

详解参见第307页。

2003年，普利茅斯大学的师生曾尝试用真猴子做实验，让六只黑猴在一个计算机键盘上敲击。在键盘被彻底弄坏之前，受试动物打出了五页纸，其中大部分是像这样的：

SSSSSSSSSSSSSSSSSSSSSSSSSSSSSSSSSSSSSSSSSSS

这个数学命题可追溯至埃米尔·博雷尔1913年的论文"统计力学与不可逆性"及其1914年的图书《概率》。而其背后的思想，阿根廷作家豪尔赫·路易斯·博尔赫斯则将之追溯至亚里士多德的《形而上学》。不过，古罗马演说家西塞罗对亚里士多德的观点不以为然，认为相信这个说法无异于相信"如果将极大数量的二十一个字母（它们由金子或其他材料铸成）抛在地上，它们会恰好排成恩纽斯的《编年史》。我怀疑幸运女神能否读懂其中的哪怕一行。"

好吧，确实不能……除非你用了**真正极大数量**的字母。

᠙ 猴子与进化论 ᠙

打字的猴子常被用来攻击进化论。*DNA中的随机变异就像猴子打字。尽管猴子**最终**可以键入任何内容是事实，但在宇宙的有生之年，它键入不了什么有意义的内容也是事实。而像血液中携带氧的血红蛋白这样的重要蛋白质，需要通过超过1700个DNA"字母"（A, C, T和G）编码。因此，通过随机变异产生这种分子的概率小到几乎为零。所以血红蛋白不是进化而来的，达尔文错了，它必定是上帝创造的，证毕。

事实证明这种批评是肤浅的，是基于几个误解。误解之一是，血红蛋白分子是进化必须趋向的"目标"。然而，血红蛋白并不是唯一能够携

---

*　根据进化论，猴子**确实**写出了莎士比亚全集，不过不是直接在打字机上键入。它是间接完成这一壮举，通过让后代进化成……莎士比亚。这是个高效得多的方法。

带和输送氧的分子。人体内的血红蛋白由四个亚基构成，在氧浓度高的区域（比如肺组织）会与氧原子充分结合，在氧浓度低（比如其他组织）的区域则会释放这些氧原子。因此，其他很多分子在原理上也可以做同样的事情。自然进化出了一种，并且这就够用了。好吧，实际上它进化出了好几种变体，而这或许能进一步佐证我的观点。

不过，单凭这一点并不足以显著提高概率。所以要指出的第二点是，生物分子不是每次都从头开始进化的：进化收集整理出一个动态的分子库，并通过对分子进行修改或组合来生成新的分子。确实，构成血红蛋白的四个亚基分别为两个α亚基和两个β亚基。此外，这种模块化的结构也有助于组合分子进行适当变形。

因此，一个更合适的类比应该是，给猴子配备文字处理软件而不是打字机，并且文字处理软件要有"宏"键，可用以记录一系列击键。如果猴子在每次键入一个有意义的单词时创建一个宏（类比于进化保留下任何有用的变异），则猴子的计算机很快就会收集整理出一部词典，并能通过宏键轻松键入有意义单词的序列。重复这个过程就会生成一系列有意义的句子。这可能不会生成莎士比亚全集，但不出几年（更别说数十亿年），一只使用宏的猴子应该可以写出一篇供你在火车上阅读的文章。

话虽如此，把某样东西进化到能够扮演血红蛋白的功能还是需要非常长的时间，哪怕有极其多的分子同时在发生变异——它们现在便是如此，可以想象它们在远古时也是如此。血红蛋白的进化花费了大约30亿年。不过，在其中的大部分时间里，它都没有任何有用的功能，因为过了约15亿年才出现能够在有毒的富氧大气中存活的复杂生物，而后又过了很久才出现血细胞。但一旦条件成熟，有了它的用武之地，它的进化也会相当迅速（就地质时间而言）。不过，它的进化是通过一系列将小分子组合成大分子，再将大分子组合成更大分子的过程完成的，并不是蒙头乱撞，期望有朝一日恰好拼对1700个DNA字母，从而得到血红蛋白。

欧几里得谜题

相传这是伟大的几何学家欧几里得给出的一道谜题，内容如下。

一头骡和一头驴走在路上，分别驮着几个相同重量的麻袋。驴开始抱怨，哼哼唧唧，最终骡忍不住火了。

"你有什么好抱怨的？如果你给我一个麻袋，我驮的就是你的两倍！如果我给你一个麻袋，我们就驮得一样重。"

驴和骡分别驮了几个麻袋？

详解参见第308页。

通用推荐信

尊敬的遴选委员会主席：

我写此信推荐XXX先生，他正寻求贵系的一个职位。

首先我要说，我怎么推荐他都不为过。

事实上，没有其他学生我可拿来与之相比，并且我很肯定，他掌握的数学会令您大吃一惊。

他的学位论文是如今世所少见的，切实展现了他全面的能力。

最后我要说，能让他为您工作，将是您的幸运。

此致

敬礼！

A.D. Visor教授

［选自美国数学协会通讯*MAA FOCUS*］

⤳ᴄᴄ **路径游戏** ᴏᴏ⤲

这个游戏涉及拓扑学和组合学，适合两个或以上玩家玩。它是对拉里·布莱克在1960年发明的"布莱克路径游戏"的稍加改动。

首先，在纸上画一个网格，比如8×8。在左上角画一个十字。移除右下角的方块——原因我很快会解释。

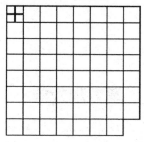

游戏的开始局面

第一个玩家在符号+所在方格的水平或竖向的相邻方块中画如下符号之一：

要画的符号

然后玩家轮流画三个符号中的一个（随他们喜欢），使得第一个玩家开始画出的蜿蜒"蛇"形能够延续。蛇可以自己与自己相交。

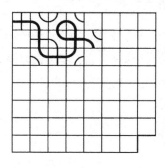

几步后的游戏局面，蛇用粗线表示

先让蛇撞上棋盘边缘（包括右下角的凹进）的人算输。这条蛇的拓扑暗示，它不会在棋盘内的某一点停下，也不能形成一个闭环。所以它必定最终会撞上边缘。

这个游戏很好玩。你可能还一直惦记着为什么要移除右下角的那个方块。如果不移除那个方块，而使用完整的8×8棋盘，那么其中一个玩家就有一个简单的必胜策略。

这时谁会赢？该怎样赢？

详解参见第308页。

填数游戏：威力加强版

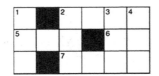

填上八个整数的幂

这是个稍有不同的填数游戏——我不会给出线索。但我可以告诉你，每个答案（横向的2, 5, 6, 7；纵向的1, 2, 3, 4）都是一个整数的幂，并且它们有两个平方、一个立方、一个五次幂、一个六次幂、一个七次幂、一个九次幂和一个十二次幂。

一个六次幂也是一个立方和一个平方，因为$x^6=(x^2)^3=(x^3)^2$。所以为了避免混淆，当我说一个答案是几次幂时，它**不会**同时是某个更高次幂。而且不应有前导零，所以像0008这样的数不算2的立方。

详解参见第309页。

魔法手帕

像伟大的胡杜尼这样的职业魔术师，他身上永远不会缺少一块（或十块）手帕，这些手帕可以无穷无尽地从一顶帽子、一个密封的空盒子或志愿者的一个口袋里变出来。有时鸽子也会不期而出，但要想模仿这个魔术（胡杜尼则是从美国魔术师埃德温·泰伯那里学来的），你需要的只是两块手帕，最好是不同的颜色。将每块手帕沿对角线卷起来，做出一个约30厘米长的厚布卷。

现在，按照如下说明和图示做。

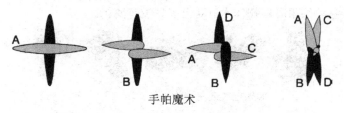

手帕魔术

(1) 将两块手帕交叉，深色的放在下面。

(2) 将手伸到深色手帕下面，抓住浅色手帕的A端，把它拽到深色手帕下面，再将把它绕到深色手帕上面。

(3) 将手伸到浅色手帕下面，抓住深色手帕的B端，把它拽到浅色手帕下面，再将把它绕到浅色手帕上面。

(4) 将B端和D端拽到手帕其余部分的下面，把它们抓在一起。将A端和C端拽到手帕其余部分的上面，把它们抓在一起。

现在，两块手帕已经纠缠在了一起。一只手抓住A端和C端，另一只手抓住B端和D端，然后快速拉开两只手。

结果发生了什么？

详解参见第310页。

⌒⌒⌒ **对称性速成** ⌒⌒⌒

　　我们平时常会说到"对称性"，但在数学中，它有其精确（且非常重要的）含义。在日常语言中，如果某个物体具有优雅的外形，或比例匀称，或（更技术性些）左右两侧看起来一样，我们就说它是对称的。比如，镜子内外的人像看起来几乎一模一样。

　　"对称性"一词在数学中的用法则相当不一样，且更为宽泛：数学家会谈到一个物体的"**一种**对称性"或"**多重**对称性"。对数学家来说，对称性不是一个数或一个形状，而是一种**变换**。它是移动物体的一种方式，所以当移动结束时，物体本身看上去并没有变化。

如果把（最左边的）猫旋转一下……

……或作个反射，它看上去会
有所不同……

……所以它不具有对称性。不
对，说错了：它有**一种**对称性，
即它保持不动。但这是**平凡对
称性**，所有形状都有

一只有两条尾巴的猫，作个反射后
看上去跟原来的一样，所有它有一
条反射对称轴（灰线）

猫的身体有两条反射对称
轴，并且它旋转180度后看上
去跟原来的一样

坐在正方形里的四只猫在旋转0度（平凡）、90度、180度和270度时是对称的。这是四重旋转对称性

把猫去掉后也是如此……

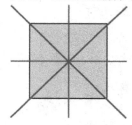

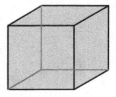

……但现在有四条新的反射对称轴了。所以正方形有八种不同的对称性

立方体有48种对称性……

……正十二面体有120种

圆有无穷多重旋转对称性（任意角度）和无穷多种反射对称性（以任意直径为轴）

如果这队猫无限延伸，它会具有**平移对称性**：把这些猫向右或向左平移整数个位置

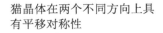
猫晶体在两个不同方向上具有平移对称性

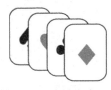

对称性不一定需要移动。洗扑克牌也是一种变换……

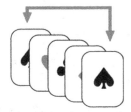

……如果有些牌是相同的，并且有些洗牌只是交换相同的牌，则这些是扑克牌的置换对称性

　　对称性在很多数学领域中都至关重要。它们非常普遍——并非只有形状具有对称性。数系、方程以及各式各样的过程也同样如此。一个数学"物体"的对称性能透露它的很多秘密。例如，伽罗瓦证明了无法通过一个代数公式解出一般的五次方程，而他的证明的关键是五次方程具有**错误的对称性类型**。

　　对称性在物理学中也至关重要。它们区分了晶体的原子排列形式，即晶格——共有230种不同的对称型，或者如果把镜像看作是同一种，则有219种。事实证明"自然法则"是高度对称的，主要是因为同样的法则需要适用于空间里的所有点以及时间里的所有时刻。自然法则的对称性在求解时很有帮助。量子物理和相对论便都是基于一些对称的自然原理。

溜蹄长颈鹿的前后腿
对称性：每一侧的前
后腿同时着地

对称性甚至还出现在生物学中。许多重要的生物分子都是对称的，对称性影响到了它们的功能。但你从动物的外形、纹路，甚至它们的运动方式中也会发现对称性。例如，当长颈鹿溜蹄时，它先同时迈两条左腿，接着同时迈两条右腿。因此，前腿与后腿的动作是一样的，就像两个人在一前一后齐步走。这里的对称性是置换对称性：**交换前腿和后腿**。

但只要想像一下这个情形就好，不然长颈鹿会伤心的。

ᕗᕪᕫ 算 100 点：修订版 ᕫᕪᕗ

弟弟数学盲按顺序写下九个非零数字，并在每个数字之间留出间隙：

1 2 3 4 5 6 7 8 9

"我希望你……"他说。

"……填上常见数学运算符，使得其结果等于100。"姐姐怕数学接口道，"这很简单，在你送给我作为圣诞礼物的斯图尔特教授的《数学万花筒》一书中就有这道题，但问题的历史还要更久远。"说着，她写下：

123−45−67+89=100

"不对，这是作弊。"弟弟说，"我留出了**间隙**！所以你不能把123视作一百二十三，并且……"

"噢。也就是说，不允许符号串连。"

"是的。"

姐姐想了一会儿，写下：

$$(1+2-3-4)\times(5-6-7-8-9)$$

"很遗憾，不能用括号。"弟弟说。

姐姐耸了耸肩，又写下

$$1+2\times3+4\times5-6+7+8\times9$$

"你不介意我利用乘法优先于加法的运算法则吧，这样我就不需要用括号把乘法括起来了，你说呢？"

"不介意，这是允许的。但……嗯……你看，很遗憾，也不能用减号。"

一阵寂静。"我想这做不到。"姐姐说。

"敢打赌吗？"弟弟按捺不住得意地问道。

姐姐应该怎么办？

详解参见第310页。

质数的一种无穷性

欧几里得证明了没有最大的质数。下面是一个看出这一点的快速方法：如果p是质数，则$p!+1$不可被$2, 3, \ldots, p$中的任何一个数整除，因为任何这样的除法都会得到余数1。因此，它的所有质因子均大于p。在这里，$p!=p\times(p-1)\times(p-2)\times\cdots\times3\times2\times1$。

欧几里得的证明方法略有不同。用现代术语来说，他通过一个典型的例子表明，如果你取有限的所有质数，那么只要把它们都相乘再加上1，然后取所得结果的任意质因子，就可得到一个更大的质数。

这暗示存在一个有趣的质数序列，其中每个数都各不相同：

$$p_1 = 2$$

$$p_2 = 3$$

$$\vdots$$

$p_{n+1}=p_1\times p_2\times\cdots\times p_n+1$ 的**最小质因子**

例如，

$p_3=2\times3+1=7$ 的最小质因子，即7

$p_4=2\times3\times7+1=43$ 的最小质因子，即43

$p_5=2\times3\times7\times43+1=1807$ 的最小质因子，即13

（因为1807=13×139），依此类推。

序列的前几项为

2, 3, 7, 43, 13, 53, 5, 6221671, 38709183810571, 139,

2801, 11, 17, 5471, 52662739, 23003, 30693651606209,

37, 1741, 1313797957

这个序列是高度无规律的。偶尔乘积 $p_1\times p_2\times\cdots\times p_n+1$ 是质数，数立刻变得非常大；但当它不是质数时，最小质因子又往往非常小。这种行为是你基本可以预料到的，尽管有时起落可能非常大。

尽管有（或许也正是由于）这种大起大落的趋势，序列的前13项包含了前七个质数：2, 3, 5, 7, 11, 13, 17。这引出了一个很有趣（有可能也很难）的问题：是否**每个**质数都会在这个序列的某处出现？

我不知道答案，尽管硬要我猜的话，我会猜是。

ᕙ 用分数算 100 点 ᕗ

著名的英国制谜师亨利·欧内斯特·杜德尼曾提到，分数

$$91\frac{5742}{638}$$

等于100，并且每个数字恰好使用一次。他发现了其他十种得到这个值的方式，其中有一种，分数部分之前只有一个数字。这个解答是什么？

详解参见第310页。

哦，难怪如此……

- ❑ 知识就是力量（power）
- ❑ 时间就是金钱

然而，根据定义，

- ❑ 功率=功（work）/时间

因此，

- ❑ 时间=功/功率（power）

这意味着

- ❑ 金钱=工作（work）/知识

因此，

- ❑ 对于固定量的工作，你的知识越多，你赚的钱就越少。

生命、递归以及一切的一切

读过道格拉斯·亚当斯的《银河系漫游指南》的读者都知道数42的重要作用，它是关于生命、宇宙以及一切的一切的终极问题的答案。这个问题事实证明是"六乘以九等于多少？"，有点让人失望，是不是？但不管怎样，亚当斯选择42作为答案，是因为在他的朋友中做的一个小调查表明，这是他们能想到的最无趣的数。

确实，42的有趣之处并不容易脱口而出，但我们也知道，所有数都是有趣的（参见《数学万花筒（修订版）》第103页）。然而，那个证明是非构造性的。所以当我发现一个表明42是个有趣的数的实例时，我很高兴。它出现在F. 格贝尔引入的一个数列中。假设我们定义

$$x_0 = 1$$

$$x_1 = \frac{1 + x_0^2}{1}$$

$$x_2 = \frac{1 + x_0^2 + x_1^2}{2}$$

$$\vdots$$

$$x_n = \frac{1 + x_0^2 + x_1^2 + \cdots + x_{n-1}^2}{n}$$

没有显而易见的理由表明x_n应该是整数，但这个数列的前几项是

$$1, 2, 3, 5, 10, 28, 154, 3520, 1551880, 267593772160$$

所以你不禁好奇，是否，出于某种奇迹，所有项都是整数。

事实证明，真相甚至更为神奇。亨德里克·伦斯特拉通过计算机计算发现，第一个非整数项是x_{43}。因此，42是这个序列到它为止的所有项都是整数的最大整数。

类似的其他序列似乎也是如此：一开始是很多整数，然后到某一点，模式中止。比如，如果使用同样的规则，但用的是立方，则第一个非整数项是x_{89}。如果用的是四次幂，则第一个非整数项是x_{97}；五次幂，是x_{214}；六次幂，是小得可怜的x_{19}；七次幂，则是大得惊人的x_{239}。所以我们有一个有趣的序列，其中前238项[*]都是整数，但第239项不是。

据我所知，还没有人真正理解为什么这些序列的行为会是这个样子。

---

[*]　这里我没有把x_0算进去，尽管它也是整数。然而，它是一个人为规定的首项，这也是我不把它算进去的理由——不怎么好，但终究是个理由。我之所以要提到这一点，是因为如果我不作说明，恐怕许多读者会写信给我。不管怎样，如果我把x_0算进去，那么42就会变成43，与《银河系漫游指南》就扯不上关系了。

❦ 不成立，不曾提出，未被证明 ❧

詹姆斯·约瑟夫·西尔维斯特是19世纪英国数学家，专长代数和几何。他曾长期与阿瑟·凯莱合作，后者的主业是律师。凯莱拥有超强记忆力，几乎知道数学界的一举一动。西尔维斯特则正好相反。

有一次，美国数学家威廉·皮特·德菲把自己的某项研究送给西尔维斯特指正，却被告知其中的第一个定理不成立，并且从来不曾有人提出过，更别说被证明了。德菲于是出示了一篇论文，其主旨就是证明那个定理，并且它成功做到了。

那篇论文正是西尔维斯特写的。

❦ 证明 2+2=4 ❧

根据定义，有

$$2=1+1$$
$$3=2+1$$
$$4=3+1$$

因此，

$$2+2=(1+1)+(1+1)$$
$$=((1+1)+1)+1 \qquad (*)$$
$$=(2+1)+1$$
$$=3+1$$
$$=4$$

其中(*)可根据结合律$(a+b)+c=a+(b+c)$，并令$a=(1+1)$, $b=1$, $c=1$得到。

详解参见第310页。

ᕈᶜ⌒᠊ᕗ **切甜甜圈** ᕈ᠊⌒ᶜᕗ

如果你将下面这个甜甜圈直着切三刀，你可得到的最多块数是多少？（切的时候不许移动切过的甜甜圈。）

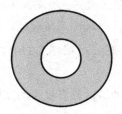

三刀可以切出多少块？

详解参见第311页。

ᕈᶜ⌒᠊ᕗ **接吻数** ᕈ᠊⌒ᶜᕗ

如果你试着在一枚圆形硬币的周围放上同种硬币，使得所有硬币都与第一枚硬币接触，则你很快会发现在第一枚硬币周围恰好能放六枚硬币。

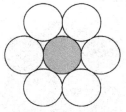

二维空间中的接吻数是6

这对我们大多数人来说并不是什么新鲜事，但由此引出了一个概念，它不仅本身在数学上有趣，事实证明在编码理论中也有重要作用。硬币可视为二维的圆，所以我们刚刚看到，二维空间中的**接吻数**是6。在n维空间中，接吻数也类似地定义为不重叠的单位$(n-1)$维球面可以接触（"接吻"）一个单位$(n-1)$维球面的最大数目。在这里，$(n-1)$维球面是圆（一维球面）或普通球面（二维球面）的自然类比。维数之所以从n降为$n-1$，是因为，尽管比如普通球面是放在三维空间中，但其曲面只有两个维度。圆是二维空间（平面）中的一条曲线（所以是一维的）。实际上，单位$(n-1)$维球面是由在n维空间中，离$(n-1)$维球面的中心这个固定点的距离为1的所有点构成的。

目前已知确切接吻数的维数只有极少的几个：1, 2, 3, 4, 8和24。在一维空间（直线）中，零维球面是一对相距两个单位的点（单位n维球面的**直径**是2）。因此，一维空间中的接吻数是2：一个在左边，另一个在右边。我们已经看到二维空间中的接吻数是6。那么更高的维数呢？

在三维空间中，很容易做到用12个球接触同一个球：你可以用乒乓球做试验，用胶水把接触点粘起来。但这种堆积有些"稀松"，球有移动的余地，并且之间还留下了很多空间。能不能放进第13个球呢？1694年，苏格兰数学家戴维·格雷戈里认为可以。但鼎鼎大名的牛顿提出了异议。这个问题足够复杂，直到1874年才最终解决。事实证明牛顿是对的。因此，三维空间中的接吻数是12。

三维空间中的接吻数是12

四维空间的故事也类似，相对容易找到方法堆积24个接触的三维球面，但留下的空间似乎又足够大，可能第25个球面也能放进去。疑问最终由奥列格·穆辛在2003年解决：答案还是24个。

在其他大多数维数中，数学家知道某个特定数目的接触球面是可能的，因为他们可以找到这样的堆积方式，以及某个大得多的数目是不可能的，因为种种间接的原因。这些数被称为接吻数的下界和上界，答案肯定位于两者之间。

在四维以上的情形中，只有两个，已知的上下界是重合的，所以这个共同的值就是接吻数。这两个维数是8和24，其中的接吻数分别是240和196 650。在这两个维数中，存在两种高度对称的晶格——正方形网格或更一般的平行四边形网格的更高维类比。这两种特殊晶格分别称为E_8（或考克斯特–托德晶格）以及利奇晶格，球面可以放在适当的晶格点上。

当前的进展可归纳成一张表，其中我用粗体标出了已知确切答案的维数。

维 数	下 界	上 界	维 数	下 界	上 界
1	**2**	**2**	13	1154	2069
2	**6**	**6**	14	1606	3183
3	**12**	**12**	15	2564	4866
4	**24**	**24**	16	4320	7355
5	40	44	17	5346	11 072
6	72	78	18	7398	16 572
7	126	134	19	10 688	24 812
8	**240**	**240**	20	17 400	36 764
9	306	364	21	27 720	54 584
10	500	554	22	49 896	82 340
11	582	870	23	93 150	124 416
12	840	1357	**24**	**196 560**	**196 560**

40以下的所有维数和少量更高维数的已知最佳下界可参见：

www.math.rwth-aachen.de/~Gabriele.Nebe/LATTICES/kiss.html

如果限定在规则堆积（即球面的中心都位于同一个晶格上），则确切接吻数在1–9维和24维中已知。在1, 2, 3, 4, 8和24维中，其接吻数就是前表中列出的值。在5, 6, 7和9维中，其接吻数分别是40, 72, 126和272。（需要注意，前表中列出的9维的306一值指的是一般情况下的接吻数下界。）

❧ 翻身陀螺 ❧

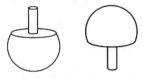

翻身陀螺的两个状态

翻身陀螺由一个切掉一小块的球体和一个圆柱形的手柄组成。当你使它快速旋转时，它会翻身倒立旋转。很多人都玩过这个玩具，但有一个问题我们可能没有想过。假设你开始转动它时是让它以顺时针方向旋转（从上往下看）。这也右撇子习惯给出的方向。

当它翻身时，它沿哪个方向旋转？

详解参见第311页。

❧ 何时结非结? ❧

拓扑学家研究像纽结这样的东西，他们试图找出两个纽结是否"拓扑等价"，也就是说，能否从一个连续变换成另一个。为此，他们发明了巧妙的"不变量"。不变量在拓扑等价的纽结之间是相等的，但对于不等价的纽结，它可能相等，也可能不相等。因此，不变量不同的纽结，拓扑上肯定是不同的；但不变量相同的纽结，拓扑上可能不同，也可能相同。

这是个让人纠结的问题。大部分有用的不变量并不完美：它们有点像用"奇/偶"来区分人的年龄。如果伊娃的年龄是偶数，奥利的年龄是奇数，那么我们知道他们的年龄肯定是不同的，即便我们不知道他们的具体年龄。但如果伊万杰琳的年龄是偶数，埃弗里特的年龄也是偶数，那么他们的年龄可能相同（例如，24和24），也可能不同（24和52）。所以在这种情况下，我们分辨不出来。

有时候拓扑学家撞上大运，不变量足够好，能帮助他们分辨何时一个纽结实际上并没有打结，即便它不能帮助他们可靠地区分各种不同的纽结。对此的一个例子是所谓的"扭结群"，人们最早发现的扭结不变量之一。不过，我提到它不是因为拓扑学（那太过技术化了），而是因为它引出了一首诗。这首诗发表在1972年的数学同人杂志《流形》上，总结了扭结群的长处和不足。诗的标题是《结结结》：

> 一个扭结
>
> 与另一个扭结
>
> 可能不是
>
> 相同的扭结，尽管
>
> 这个扭结的扭结群
>
> 与另一个扭结的扭结群
>
> 相同；但
>
> 如果一个扭结的扭结群
>
> 是未打结的扭结的扭结群，则
>
> 这个扭结
>
> 未打结。

阶乘符号的起源

表示"n的阶乘",也就是

$$n \times (n-1) \times (n-2) \times \cdots \times 3 \times 2 \times 1$$

的早期符号是

$$\underline{n|}$$

但这个符号印刷不方便。所以在1808年,法国数学家克里斯蒂安·克兰普决定把它改成

$$n!$$

这样就容易排版了。老的版本很快退出了历史舞台,这是印刷适用性影响数学符号的若干例子之一。

朱尼珀格林游戏

"我们来一个玩数字游戏吧。"姐姐怕数学说。

贪玩的弟弟数学很吃这一套。"什么样的游戏?"

姐姐把写有数1–100的卡片面朝上放在桌子上。*"下面是具体规则。"

☐ 玩家轮流选择一张卡片。选过的卡片要移走,不能再使用。

☐ 除了开局选的第一张卡片,所选的卡片必须要么是前一张卡片的约数,要么是它的倍数。

☐ 先做不到的玩家输。

"好的,"弟弟说,"你先来。"

"呃,其实……,"姐姐还想说点什么,但随即停住了,"哦,也好。"

---

* 要想玩这个游戏,你需要自己制作这样一副卡片——我不知道哪里有卖。但相信我,这样做是值得的。

她挑出卡片97，并将它移走。

弟弟掰着手指数了一会儿。"那是质数，是不是？"看到姐姐点了点头，他接着说，"所以我不得不选择卡片1。"

"对。唯一的另一个约数是97，它已经被移走了。最小的倍数是194，又太大了。"

因此，弟弟挑出卡片1，并将它移走。

姐姐微微一笑，挑出89。"你输了。"

"那也是质数？"弟弟问道，有时他会非常聪明。

"是的。"

"所以我不得不再次选择1……噢，我做不到了，它已经被移走了。"他意识到了什么，"这是个愚蠢的游戏，先手的玩家总是能赢。"

"是的，我们称这为双重打击策略。"

弟弟又想了一会儿。"好吧，轮到我先来了。现在我要选择一个质数。"说着，他挑出卡片47。

姐姐没考虑1，而是选择了94。

"哎呀，"弟弟说，"刚才我怎么没想到这一点。"

"双重打击只适用于大的质数，大于50（100的一半）的质数。"

"对呀。我现在不得不选择2。因为如果我选择1，你就会再次选择97，或者89。那样我就输了。"所以他选择了2。但最终他还是输了。"这仍然是个愚蠢的游戏。"他抗议道，"我本该从97开始的。"

"确实。但谁让你这么猴急，其实还有**第四条**规则，它正是为了防止双重打击而设置的。"说着，她写道：

❑ 开局所选的卡片必须是偶数。

"现在这是个合理的游戏了。"姐姐说。然后他们玩了相当长的一局，见招拆招，没有太想着战术。

轮次	姐姐	弟弟	说明
1	48		根据要求，一个偶数
2		96	乘以2
3	32		除以3
4		64	弟弟不得不选择一个2的幂
5	16		姐姐也是如此
6		80	乘以5
7	10		除以8
8		70	乘以7
9	35		除以2
10		5	只能选择7或5（选1就输了）
11	25		
12		75	可选的有50, 75和100
13	3		
14		81	
15	9		可选的只有27和9
16		27	坏棋！
17	54		不得不选，因为选1就输
18		2	更好的选择是18
19	62		灵光一闪，双重打击的一个变体
20		31	不得不选
21	93		唯一的选择，但选得好
22		1	不得不选，然后输了，因为……
23	97		事实上的双重打击：尽管93不是质数，但31已经用过了

在继续往下读之前，我建议你先做一副卡片玩一会儿。下面我们会试着找出一个必胜策略，所以对这个游戏有点感觉会有所帮助。况且，它真的很好玩。

玩过了吧？现在我们可以进行理论讨论了。我们先从一个简化版本开始，卡片是1到40。

有些开局选择会输得极快。例如下面这种。

轮次	姐姐	弟弟	说明
1	38		
2		19	38已被移走，这就如同一个大质数
3	1		不得不选
4		37	姐姐输了

开局选34也会遭遇同样的命运。

有些数要避之唯恐不及，就像100张卡片时的1。假设姐姐傻到选择5，则弟弟可以给出致命一击。

轮次	姐姐	弟弟	说明
n	5		
$n+1$		25	
$n+2$	1		不得不选，然后输了

注意到25在这里需要它时**必定**仍然可用，而不论前面选择了哪些卡片，因为它只有当前一个玩家选择了1和5时才会选到。

这里给出了必胜策略的一个线索。姐姐知道如果她选择5就麻烦了，所以她会试着迫使弟弟选择5。那她能做到吗？好吧，如果弟弟选择7，那么她可以选择35，然后弟弟就不得不选择1或5，两个都会输。

很好，但她能迫使弟弟选择7吗？好吧，如果弟弟选择3，那么姐姐可以选择21，迫使弟弟选择7。很好，可她如何能使弟弟选择3呢？好吧，如果弟弟选13，那么姐姐选择39……

姐姐可以建构出众多假想的选择序列，使得弟弟在每一步的选择都是唯一的，从而不可避免地走向失败。但问题是：她能把弟弟诱导到这样一个序列中吗？

在某些阶段，其中一个玩家不得不选择一个偶数，所以我们需要考虑卡片2。这至关重要，因为如果弟弟选择2，则姐姐可以选择26，诱导弟弟选择13。所以现在我们到了紧要之处：姐姐如何能迫使弟弟选择2？

她必须选择一个偶数，并且这个偶数的约数越多，弟弟的选择越多，他就越有可能逃脱陷阱。不管怎样，分析也会变得复杂。所以让我们保持简单。假设姐姐从22（一个小质数的两倍）开始。然后弟弟要么选择2，落入姐姐的陷阱——刚刚分析的那个长长的选择序列，要么选择11。对于后者，如果姐姐选择1，她就会输，所以她选择33。现在，由于11已经被用过了，所以弟弟只好选择3——并掉进陷阱。我们已经知道当他这样选时姐姐如何能赢。因此，如果姐姐开局时选22，那她**必定**会赢。

讲到现在，可能有点乱了，所以下面总结一下姐姐的必胜策略。其中两列分别列出弟弟可走的两种方案。为了简单起见，我假定在整个过程中两个玩家都不选择1，毕竟那样做立即就会输。移除这个选项后，几乎每个选择都是被迫的。

轮次	姐姐	弟弟	姐姐	弟弟
1	22		22	
2		11		2
3	33		26	
4		3		13
5	21		39	
6		7		3
7	35		21	
8		5		7
9	25		35	
10		输		5
11			25	
12				输

姐姐至少还有另一个开局选法，使她必定能赢：如果她选择26，游戏也会出现类似进程，只是其中有几步两列需要交换一下。

所以姐姐的必胜策略的关键特征是质数11和13。她的开局选择是这样一个质数的两倍：22或26。这迫使弟弟选择2（姐姐称心如意）或质数。然后姐姐选择那个质数的三倍，迫使弟弟选择3（她再次称心如意）。

姐姐之所以能这样做，是因为除了所选质数的两倍，恰好还有一个倍数在游戏数字范围内，也就是33或39。不妨称这样的质数为中间质数——它们介于卡片张数的三分之一和四分之一之间。如果姐姐选择中间质数的两倍，则弟弟必须选择那个质数。然后她选择那个质数的三倍，迫使弟弟选择3。

下面请你回答两个问题：

❏ 姐姐还有其他必胜策略吗？

❏ 对于100张卡片的版本，是否存在类似的必胜策略？谁又会赢？或者目标更大点，考虑使用任意整数n张卡片的游戏JG-n。由于不会出现平局，并且游戏必定在有限多步后结束，理论分析指出，要么姐姐有一个必胜策略，要么弟弟有。

❏ 假设姐姐先走，并使用完美策略，谁会赢得游戏JG-n？答案显然取决于n。当n为3或8时姐姐赢，而当n=1, 2, 4, 5, 6, 7, 9时弟弟赢。那么当n=100时谁赢呢？n为10–99的所有值时情况又如何呢？你能解决整个问题吗？

详解参见第311页。

数学元笑话

一位工程师、一位物理学家和一位数学家发现自己身处一个笑话当中（非常类似于你之前听过的那些），但他们没有马上意识到笑话具体是什么。*在进行简单计算之后，工程师意识到发生了什么，并笑出声来。不久后，通过一个被限制在盒子里的粒子的粗略类比，物理学家凭直觉

---

* 他们本以为自己是在一个酒吧里。

意识到了身处何处，也开始放声大笑。然而，数学家似乎并没有发现自己的处境有什么好笑的。最后，另外两个人问他为什么不笑。

"我一眼就认出了我身处某件轶事当中，"他答道，"但只有当我注意到其特有的结构特征时，我才能确定这件轶事是一个笑话。然而，这个笑话只是更一般情形的一个推论，太过平凡，因而不具有任何娱乐价值。"

超越第四维

物理学家正在寻找一种万有理论，试图统一现代物理学的两大支柱（相对论和量子力学），修复这两个理论之间的某些不一致之处。在一种思路中，他们猜想我们熟悉的三维空间实际上不是三维的，而是10维或11维的。额外的维度提供了空间，使得基本粒子可以在其中振动（像小提琴琴弦那样），生成诸如电荷和自旋等量子数（它们就像小提琴琴弦发出的音符）。现在，你可能会认为，很难想像所有人会在像空间的维度这样基础的问题上犯这么长时间的错。并且不论如何，显然空间就是空间，它不会有10个维度，因为一旦我们确定了前三个维度，就没有别的地方放置其余七个维度了。

然而，事情没有这么简单。数学家早就发明了各种内在逻辑一致且具有4，5，6或甚至无限维的几何学。维数可以是你喜欢的任何数，也包括10。因此，表面上看，三维并没有什么特别之处。我们的世界之所以是三维的，也许只是一个历史的偶然，在另一次运行中宇宙可能就不是这样子了。当然，它也可能是特别的，出于某些我们尚未理解的原因，宇宙必须是这样子。又或者它实际上不是三维的，只是看起来如此。而即便真是如此，我们也没有理由预期它是欧几里得三维空间。事实上，根据爱因斯坦的广义相对论，我们知道空间是弯曲的，并且与时间结合在了一起。

一个半世纪之前，维多利亚时期的英国人也遇到过一个类似的问题，即同样令人费解的第四维概念。数学家在寻找别的东西时偶然发现了它：威廉·罗恩·哈密顿花费了几十年时间试图寻找三维空间中的一种自然代数（就像复数是二维平面上的一种自然代数），而最后他发现了四维空间中的一种自然代数，他称为四元数。科学家发现，四维的概念可以帮助他们厘清许多基础物理学问题。通灵者则意识到第四维是安放灵魂世界的好地方，毕竟我们无法去那里检查灵魂是否存在，而如果灵魂确实存在的话，他们可以从那个有利位置看到我们。那也是解释鬼怪来无影去无踪的好理由，他们可以从那个额外维度凭空浮现和消失。而我们现在所谓的"超空间神学"也很快发现了把上帝安置在第四维中的好处。从那里，他可以一览自己的创造，而让自己置身世外，就好像我们可以一眼看全整页文字，而自己没有嵌入纸中。

人们对第四维的兴致在某种程度上受到了反方观点的进一步激发。有些人认为，第四维不存在，事实上**不可能**存在：它是不可想像的。这场辩论将两个不同的问题混在了一起：物理空间的结构，以及不同于正统三维模型且逻辑一致的数学空间的可能性。哲学家也加入了进来，大多是支持正统的三维模型——这有点令人吃惊，毕竟哲学家倾向于认为我们感知的一切只是幻觉。

在这场智力纷争中，有一个独特的声音来自一位牧师和知名男校校长，埃德温·艾伯特·艾伯特。没错，是有两个"艾伯特"，以便与他的父亲埃德温·艾伯特相区别。1884年，艾伯特出版了史上最有趣和最具原创性的图书之一，一部题为《平面国》的数学幻想小说。

埃德温·艾伯特·艾伯特……

……和他的书

艾伯特通过一种巧妙的方法尝试说服他的维多利亚时期同胞接受第四维的可能性：先描述一个类比，其中生活在二维世界的生物发现三维空间的想法不可想像，实属异端，然后在读者放松抵触之后，再向他们推销四维思想。小说的主人公，简单称为A. Square（一个正方形），*与他的线性妻子和多边形孩子居住在平面国（一个欧几里得平面）的一幢五边形房子里。艾伯特还在其中加入对维多利亚时期英国社会压迫妇女和贫民的辛辣讽刺，以及几条莎士比亚语录和一些亚里士多德典故。

A. Square生活在一个二维世界，对其他维度一无所知。这是金科玉律，亘古不变。第三维是宗教异端，谁胆敢提及，就会受到身为神职人员的圆的裁判。所以A. Square一直过着平淡的生活，直到有一天他忽然顿悟，彻底接受第三维。而这一变化源自一次来访……来自球面的。

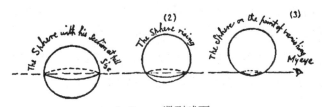
A. Square遇到球面

---

* Abbott Abbott = A^2?

A. Square的二维性质使他无从完整地看到球面。相反，他只能看到球面与他的平面国相交的圆。*一个点在房间中无中生有地浮现。接着，它变大成为一个圆，并不断扩大，然后转而不断缩小成为一个点，最后凭空消失。（你能看出为什么维多利亚时期的驱魔人喜欢四维的概念了。）他只能看到，这个圆能够变换自己的大小。我们这些空间国的人则有幸能将这里的几何可视化：一个固定大小的球面穿过平面国所在平面，并在这个过程中改变截面的大小。

现在，当一个维多利亚时期空间国的人，比如艾伯特，试图理解第四维时，他所面对的处境一如A. Square试图理解第三维。基于所谓自然秩序或额外维度的不可能性的辩驳，在空间国的有效性并不比在平面国的更强。尽管艾伯特对空间国的数学讨论局限在枚举立方体和四维超立方体的边和顶点上，但这里的类比是很明显的。

根据类比，如果我们空间国的人遇到一个来自四维的超球面，我们只能看到它与我们的三维空间相交时产生的一系列球面。像A. Square一样，我们看到一个点在房间中无中生有地浮现。接着，它变大成为一个球面，并不断扩大，然后转而不断缩小成为一个点，最后凭空消失。（你能更清晰地看出为什么维多利亚时期的驱魔人喜欢四维的概念了。）

通过使用坐标，我们可以把这种粗略的几何类比转化成实实在在的代数。我们一般用两个数(x, y)表达平面上的一个点。类似地，空间中的一个点可用三元组(x, y, z)表示。接下来，尽管我们熟悉的三维空间已经无法容纳新的方向，但在数学上我们可以讨论四元组(x, y, z, w)的行为，这也就是数学家所说的四维空间。这样的一个空间由**所有**可能的四元组构成，而不仅仅是一个四元组。并且它具有一种自然"几何"，因为我们可以利用推广的毕达哥拉斯定理来定义距离，而一旦有了距离，我们也

---

* 事实上，不同于我们能看到三维对象的二维投影，他只能看到了圆的"边"。

就有了角、圆以及其他大部分我们视为几何学的东西。现在我们可以说，当我们提到超球面、超立方体以及其他各种有趣的几何对象时，我们究竟是在说什么了。所有这一切都优美地拼合在了一起，而一旦我们习惯了这种语言，这些新类型的空间就会像我们所在的空间那样真实。

1900年前后，物理学家和数学家突然意识到了把时间视为一种第四维的好处。很快，所有人都开始自如地讨论四维时空。现如今，视频游戏设计师所说的四维图形，其实是指**运动**的三维图形。如果我们把A. Square遇到球面的场景视为一个动画，则我们实际上是将时间作为第三个空间维度的代用品。类似地，我们遇到超球面的场景也可通过将时间作为第四个空间维度的代用品来加以可视化。

然而，那终究只是代用品，而不是现实。来自三维空间的球面确实存在，本身不会随着时间的推移而变化。变化的只是它与平面国相交的截面。此外，时间不是空间的其他维度的唯一代用品。我们也可以将颜色、温度或者其他全新的物理量作为代用品。

例如，假设"颜色"维度是黄色渐变为绿色，绿色再渐变为蓝色，而彩色生物在一个平面上移动。并且由于只有当他们有相同的颜色时，他们才能通过某种巧妙方法进行感知和互动，所以绿色生物构成了一个绿平面国。黄色生物和蓝色生物也是如此。但这三个"平行宇宙"真的是平行的：它们沿"颜色维度"相分隔，不会相交。现在，一个球面可被表示为，一个黄色的点被一系列越来越大、越变越绿的圆所包围，然后圆越来越小，越变越蓝，最终收缩成一个蓝色的点。从我们的三维视角看，我们可以把它们"沿颜色维度"拉开，发现这是一个常规的几何球面，上面不同的颜色与赤道平行。但我们不需要实际把它们拉开：彩色图像本身就足以说明问题了。

当我们把四元组的集合称为一个**空间**时，我们是在强调它是传统三维几何的四维类比。然而，出现在四元组 (x, y, z, w) 中的数不一定需要

是常规的空间度量。例如，在所有羊毛衫的空间中，它们可以是坐标

$$(价格, 颜色, 重量, 温度)$$

其中颜色的范围是从黄色（0）到蓝色（1）的数值。所以一件有如下具体坐标的羊毛衫

$$(27.43, 0.62, 1.37, 22.61)$$

具备如下属性：

价格=27.43英镑

颜色=蓝绿色

重量=1.37公斤

温度=22.61摄氏度

因此，尽管一件羊毛衫是一个三维对象，但我们可以在四维数学空间中表示出它的几个关键特征。简言之，羊毛衫空间是四维的。

经济学家会利用这种方法表示一个国家的经济状况，只是现在他们用到是一个拥有比如一百万个维度的空间，其中涵盖了一百万种商品的价格。天文学家则利用六个数表示太阳系八大行星*各自的位置和速度（三个表示位置，三个表示速度）。因此，在任意给定时刻，各大行星的状态定义了一个48维空间中的一个点。

就像A. Square发现自己的二维世界其实只是一个更高维度世界的一部分，我们的物理学家也开始怀疑自己的三维世界是否同样如此。根据弦理论（好吧，是多种不同弦理论的一个流行版本），空间可能实际上是10维的。数10不是一个武断的选择，而是因为这种万有理论仅在10维中有效。

当然，弦理论可能并不符合现实。但科学已经多次向我们证明了，这个世界要比我们感知到的更复杂。如果相对论和量子力学最终得到了统一，那么我们对世界的看法必将发生改变，就像当初这两个理论

---

* 唉，可怜的冥王星。

首次提出时所做的那样。

一切都非常好，但是：为什么我们没有注意到那些额外的维度呢？

对此至少有三种可能答案。

☐ 它们不存在，弦理论是错的。

☐ 它们确实存在，但它们卷曲得太小，我们看不见它们。例如，从远处看，一根软管是一维的，但近看之下，它有一个圆形截面，便又增加了两个维度。因此，如果那个截面真的非常非常小，比如比电子的直径还小得多，软管就可以说是一维的，除非你能够开发出非常精密的实验技术来探测那些隐藏的维度。现在，将那根软管代之以我们看上去是三维的空间，并将圆形截面代之以一个同样非常非常小的七维超球面，这样应该就好理解了。

☐ 我们的空间确实是三维的，但它被嵌在周围的一个10维空间中，而我们之所以没有感知到周围更大的空间，是因为我们看不进或走不进那些方向。就像A. Square被局限在了平面国的平面上，我们也可能被局限在10维空间的一个三维切片中。在数学上，这是完全有可能的：动态系统常常有所谓"不变子空间"，任何存在于那些子空间的东西都无法从中逃脱。物理学家已经开始将这些子空间称为"膜"（branes）。

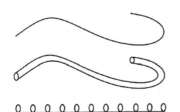

软管远看是一维的，但近看之下，我们发现它还有额外两个维度。作为示意，我们可以把它画成一条直线，并且每个点上附着一个圆

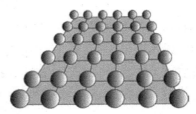

空间（这里是二维平面）的额外维度，这里示意为球面。在弦理论中，超球面的维度更多。超球面为量子振动提供了空间，赋予了粒子诸如自旋和电荷等性质

所有这些对于"隐藏维度"的解释也可能是不必要的故弄玄虚。很久以前，物理学就向我们呈现了非常类似的东西，但那时没有人纠结于所谓增加空间维度。我们用来传播广播、电视和电话的电磁场中的每个点，具有额外六个坐标：三个定义磁场的强度和方向，三个定义电场的强度和方向。所以麦克斯韦方程组是自然定义在九维空间中的。

因此，弦理论所需的额外七个维度不一定需要是**空间**意义上的。它们可能是进入弦理论方程的新物理量，就像颜色或温度。所以把它们作为**空间**的隐藏维度加以讨论，似乎是把问题复杂化了。

❧ 斯莱德的辫子 ❧

在19世纪80年代，美国通灵者亨利·斯莱德常用一个小把戏试图说服人们相信他可以沟通第四维，也就是灵魂世界。他在一条皮带上划出两道口子，并让人在皮带上做一个标记，以防止掉包。然后他在桌子底下把皮带鼓捣了一番。当他再次拿出来时，皮带被编成了辫子！

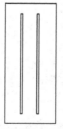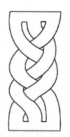

开始时是这样……　　　　……最后变成这样

按照斯莱德的说法，在四维空间中，通过把其中一条暂时拉进第四维，再在合适的位置把它拉回普通三维空间，就能将皮带互相编织在一起。他试图以此证明自己具有沟通第四维的能力。

他实际上是如何做到的呢？

详解参见第313页。

⟡ 避开邻居 ⟡

将1–8这八个数分别填进八个圆圈中，使得相邻的数（即相差1的数）不会位于相邻的圆圈中（由一条直线相连）。

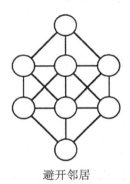

避开邻居

详解参见第313页。

⟡ 改变研究方向 ⟡

一位毕生都在研究纯数学（最早是拓扑代数，后来涉足一点代数几何，再后来试过一些几何拓扑，还考虑过进入代数拓扑或者几何代数）的数学家开始考虑，或许是时候做一些更贴近实际的事情了。他也知道，这些课题确实有实际应用，但他从来没有做过这方面的工作，而是更喜欢抽象思维给出的智力挑战。

他并不是对应用数学有什么偏见，只是他从来没有亲自做过。

他想，也许是时候改变一下了。

几个星期过去了，他仍然没有把这个想法付诸行动。一想到要跟现实世界打交道，他就非常紧张。他从来没有做过这个。但这个想法还是对他非常有吸引力。问题是走出这一步需要勇气。

有一天，在数学系的走廊上，他看到一扇门上贴了个通知："齿轮研讨会，今天下午2:00。"他看了一下表：1:56。他敢吗？他真的敢进去吗？这可是一大步。他站在门外，犹豫不决地来回踱步，听着演讲者准备开始演讲的声音。最后，在1:59，他鼓起勇气推开门，坐进了一个空位置。现在他将开始转向研究数学的实际应用了！

演讲者拿起讲稿，清了清嗓子，开始演讲。"**整数**齿数的齿轮理论众所周知……"

∾ 飞轮不动 ∾

一个半径为1米的车轮沿水平路面以10米每秒的速度匀速滚动，不打滑，也不会从路面弹起。在固定某一时刻，车轮子上有没有一点是静止的？如果有，是哪一点？

假设车轮是一个圆盘，道路是一条直线，并且车轮位于一个垂直平面内。"静止"意味着瞬时速度为0。

详解参见第314页。

点的放置问题

你有一条单位长度的线段，其0和1处的两个端点缺失，并且你有源源不断的点可用。要求你将这些点接连放置在这条线段上，使得

- 第二个点和第一个点位于这条线段不同的半区中。（为了避免歧义，1/2处的中点排除在外，两个点都不允许放置在那里。因此，一个半区是指0到1/2，不包括两个端点；另一个半区是指1/2到1，不包括两个端点。）
- 第三个点以及第一个点、第二个点分别位于线段不同的三分之一区中。（为了避免歧义，1/3和2/3处的点排除在外。）
- 第四个点以及第一个点、第二个点和第三个点分位于线段不同的四分之一区中。（1/4和3/4处的点排除在外。回想一下，我们已经排除了1/2。）

现在继续这个模式，对于不断增加的 n，遵循如下规则：

- 第 n 个点和前 $n-1$ 个点分别位于线段不同的 $1/n$ 区中。（所有 m/n 处的点均排除在外，其中 $m=0, 1, 2, \ldots, n$。）

明白了吗？问题则是这样的：你能让这个过程延续多长时间？

乍看起来，答案似乎是要多长有多长。毕竟你可以将线段无限细分，并在任何适当的地方放置点。

我其实没有指望你知道正确答案，但我又不想立即给出答案，所以详解请参见第314页。在那之前，不妨试着放置一下前五六个点。这并不像看上去那么容易。

平面国的国际象棋

在平面国（参见第238页），世界是一个平面，居民是几何形状。平面国居民也玩棋类游戏，其中之一类似于空间国的国际象棋。平面国的国际象棋棋盘长八格，每个玩家有三枚棋子：王、马和车，它们的初始摆放如下图所示。

平面国国际象棋的初始摆放

规则与空间国的国际象棋相似，但要时刻记得平面国的几何局限性。三枚棋子可以按各自的走法向左或向右移动。所有移动要么移进一个空格，要么吃掉对方的棋子，并占据那格。

- 王（头顶十字的棋子）一次仅能移动一格，并且不能移进已受到敌方威胁（即会被"将军"）的格子。
- 马跳过相邻的一格（该格可以为空，也可以被占据）移动到另一端的格子。所以它会落在距离起始位置两格远的地方。
- 车（城堡形状）可以在未被占据的格子中移动任意距离。

如果一个玩家不能按规则移动，游戏僵持不下，是为平局。如果一个玩家可以将死对方的王，令它无处可逃，则这个玩家赢得这局游戏。

如果白棋先走，两个玩家都采取完美策略，谁会赢？

详解参见第315页。

无限大乐透

无限大乐透用到无穷多个包，它们分别标号1, 2, 3, 4, ...。每个包里有无穷多个有相应标号的彩球。

你会得到一个大箱子，并可以放入你从任意包中挑选的任意数量的彩球。条件只有一个：彩球总数必须是有限的。

现在你被要求调整箱子中的彩球。你必须取出并移除一个彩球，代之以标号更小的彩球，新增加的彩球的数量不限。比如，如果你移除一个标号100的彩球，你可以在箱子里增加1000万个标号99的彩球、1700万个标号98的彩球，如此等等。可用来替换那一个标号100的彩球的数量没有上限。

你必须一直这样做下去。在每个阶段，你可以移除一个彩球，并代之以你想要的任意数量的彩球，只要它们的数目有限，并且它们上面的标号小于你移除的彩球的标号。但如果你取出一个标号1的球，你就不能增加新的彩球，因为没有比它标号更小的了。

如果最终你掏空了箱子，没有彩球剩下，你就算输。如果你可以一直不停地移除彩球，也就是说，总有彩球可用，则算你赢。

你能赢得无限大乐透吗？如果能，要怎么做到呢？

详解参见第315页。

经过的客轮……

在人们还只能乘坐客轮横跨大西洋的时代，有一班客轮每天下午四点离开伦敦前往纽约，并在恰好七天后抵达。

每天同一时刻（当地时间上午11点，因为有时差），有一班客轮离开纽约前往伦敦，并在恰好七天后抵达。

所有客轮都沿同一条航线行驶，在相遇时相互稍稍错开通过。

每班从纽约出发的客轮在横跨大西洋的途中会遇到多少班从伦敦出发的客轮，**不算**在它们当好离开或抵达码头时遇到的那些？

详解参见第317页。

～ 最大的数是 42 ～

数学家经常使用一种称为反证法（或归谬法）的技巧。其基本思路是，要证明某个命题为真，先假设它为假，然后推得各种合乎逻辑的结论。如果这些结论中有任何一个导致矛盾，则"这个命题为假"这个假设为假。因此，这个命题为真。

例如，为了证明猪没有翅膀，先假设它们有翅膀，进而推得猪会飞。但我们知道猪不会飞，出现矛盾。因此，猪有翅膀为假，它们没有翅膀。

明白了吗？

我现在将利用反证法证明最大的整数是42。

令 n 是最大的整数，并假设 n 不是42。于是 $n>42$，所以 $(n-42)^3 > 0$，展开得到

$$n^3 - 126n^2 + 5292n - 74\,088 > 0$$

两边分别加上 n，

$$n^3 - 126n^2 + 5293n - 74\,088 > n$$

但不等式左边是一个整数。由于它大于 n（假定的**最大整数**），所以这里出现矛盾。

因此，"最大的整数不是42"为假。所以最大的整数是42！

显然有地方出了问题，但是在哪里呢？

详解参见第317页。

ᵍᶜᵉ 数学未来史 ᵉᵍᵍ

2087年	费马大定理在梵蒂冈秘密档案的一页古赞美诗背面被再次发现。
2132年	洲际生物数学家大会给出了"生命"的一个一般定义。
2133年	Kashin和Chypsz证明了生命不可能存在。
2156年	Cheesburger和Fries证明了欧拉常数、法伊根鲍姆常数以及宇宙的分形维数中至少有一个是无理数。
2222年	数学的内在一致性确立，它具有冷西米布丁的一致性。
2237年	Marqès和Spinoza证明了P=NP?问题的不可判定性的不可判定性的不可判定性的不可判定性是不可判定的。
2238年	Dumczyk证否了黎曼猜想，指出至少存在一个42个零$\sigma+it$不在临界线上，其中$t<\exp\exp\exp\exp\exp((\pi^e+e^\pi)\log 42)$。
2240年	费马大定理再次遗失。
2241年	香肠猜想在除5以外的所有维度上都得到证明，可能的例外是14维，其证明仍有争议，因为它似乎太过容易了。
2299年	暴脾气星人访问地球，他们的数学已经能对湍流的所有可能拓扑结构进行完整分类，但在过去绕转银河系五周的漫长时间里一直停滞不前，因为他们无法解决1+1=?难题。
2299年	1+1=?难题被沃金市的六岁女孩Martha Snadgrass解决，掀开了地暴合作的新时代。

2300年	Dilbert在星际数学家大会上提出了744个最重要的数学问题。
2301年	暴脾气星人离开地球,因为他们的板球赛季要开始了。
2408年	Fergle利用暴脾气星正交微积分证明了,Dilbert的所有问题都彼此等价,从而把整个数学归结为一个简短公式。[*]
2417年	DNA–超弦计算机Vast Intellect因一个技术性细节未能通过图灵测试,但它声称自己是智能的。
2417年	Vaster Intellect发明了人类辅助证明的新技术,并用它证明了Fergle最后公式,顺便解决了Dilbert问题。
2417年	Even Vaster Intellect发现了人类大脑操作系统的内在不一致性,所有人类辅助证明被宣告无效。
7999年	Snortsen发明了用脚趾数数;机器时代戛然而止。[†]
11 868年	数学被重新发现,现在它以9为基数。
0年	纪年改革。
1302年[‡]	Fergle最后公式被正确证明;数学终结。
1302年[§]	Snergle想知道,如果允许Fergle最后公式中的常量是一个变量,情况又会如何;数学再度出发。

---

[*] 即著名的€☾☿ℂ[42],外加一个常量。

[†] Snortsen曾遭遇一台暴走的现金出纳机而失去了一个脚趾。

[‡] 5月17日下午2:46。

[§] 5月17日下午2:47。

曝光解答

在这里，已经洞悉一切或者仍然不明所以的读者可以找到有已知解答的问题的答案……以及额外一些或许有助其赏鉴或启蒙的事实。

计算器趣题 1

$$(8 \times 8) + 13 = 77$$
$$(8 \times 88) + 13 = 717$$
$$(8 \times 888) + 13 = 7117$$
$$(8 \times 8888) + 13 = 71117$$
$$(8 \times 88888) + 13 = 711117$$
$$(8 \times 888888) + 13 = 7111117$$
$$(8 \times 8888888) + 13 = 71111117$$
$$(8 \times 88888888) + 13 = 711111117$$

上下颠倒的年份

过去：1961年；未来：6009年。

十六根火柴

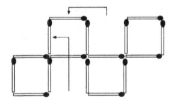

移动箭头所示的两根

被吞食的大象

推理不正确。

假设大象容易被吞食。则第三个命题告诉我们，大象吃蜂蜜。然后第二个命题告诉我们，大象会吹风笛。另一方面，第一个命题告诉我们，大象穿粉红色裤子，而在这种情况下，第四个命题告诉我们，大象不会吹风笛。所以我们得到自相矛盾。唯一的可能是大象不容易被吞食。

解决此类问题有一个系统性的方法。首先，我们把所有这一切都变成符号。令

E表示"是一头大象"

H表示"吃蜂蜜"

S表示"容易被吞食"

P表示"穿粉红色裤子"

B表示"会吹风笛",

再使用逻辑符号

⇒ 意思是"蕴涵"

¬ 意思是"非",

则前四个命题转换为:

E⇒P

H⇒B

S⇒H

P⇒¬B

我们需要用到两个逻辑法则:

X⇒Y等价于¬Y⇒¬X

若X⇒Y⇒z,则X⇒Z

使用这些符号和法则,我们可以把条件重写成:

E⇒P⇒¬B⇒¬H⇒¬S

所以E⇒¬S,即大象不容易被吞食。

这个属性列表暗示了另一种得到答案的方法:设想有一头大象(E),它穿粉红色裤子(P),不会吹风笛(¬B),不吃蜂蜜(¬H),不容易被吞食(¬S)。则题目中的所有四个命题都成立,但"大象容易被吞食"不成立。

幻圆

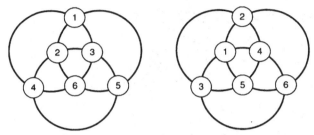

上述两个解或其旋转和反射

数字把戏

　　要解释胡杜尼的把戏，需要借助一点代数知识。

　　假设你家的门牌号码为x，你的出生年份为y，今年迄今为止所过的生日的次数为z——它要么为0，要么为1，取决于当时的日期。于是这个把戏中进行的一系列计算可表示为：

- ❑ 输入自家的门牌号码：x
- ❑ 使之翻倍：$2x$
- ❑ 加上42：$2x+42$
- ❑ 乘以50：$50(2x+42)=100x+2100$
- ❑ 减去自己的出生年份：$100x+2100-y$
- ❑ 减去50：$100x+2050-y$
- ❑ 加上今年迄今为止自己所过的生日的次数：$100x+2050-y+z$
- ❑ 减去42：$100x+2008-y+z$

如果是在2009年玩这个把戏，则$2008-y$比从你出生那年算起经过的年数小1。再加上你今年过生日的次数（如果还没有过生日，则那个数维持不变；如果生日已过，则加上1），其结果总是你的年龄。（细细琢磨一下。假设你在上一年出生，但今年生日还没到，你的年龄就是0岁；而过了生日那一天，你就是1岁了。）

因此，最终结果是$100x$+你的年龄。只要你的年龄在1至99岁，则最后两位数字就会是你的年龄（如果你的年龄是1到9岁，则它写成01至09）。去掉这两位数字，再除以100（这相当于仅看其余数字），便可得到x——你家的门牌号码。

如果你超过99岁，则最后两位数字不会是你的年龄。还需要额外一个数字（一般是1，除非出现了医学奇迹）。因此，你的年龄将是1后面跟着最后两位数字。你家的门牌号码则将是其余数字减去1。

如果你的年龄是0岁，这个把戏仍然有效，前提是将你出生的那天作为生日。事实上，这是你的0岁生日。但通常我们不这么算，所以我把0岁排除在外。

为了修改把戏，使之适用于任意其他年份，比方说2009+a，则只需将最后一步改为"减去42-a"。因此，在2010年是减41，在2011年是减40，依此类推。如果你是在2051年之后读到这本书，则需要把最后一步改为"加上a-42"。事情是一样，但听上去更合理一些。

算盘的奥秘

为了减去比如一个三位数$[x][y][z]$，它实际上是$100x+10y+z$，我们需要构造补数$[10-x][10-y][10-z]$，它实际上是$100(10-x)+10(10-y)+(10-z)$。后者等于$1000-100x+100-10y+10-z$，即$1110-(100x+10y+z)$。因此，加上补数等价于减去原来的数，并加上1110。而要移除它，需要在千位档、百位档和十位档分别减去1，但个位档保持不动。

红胡子的宝藏

红胡子船长将在岩石北面128步处找到埋藏的战利品。

每一步，海盗可以将手指往左或往右移动——有两个选择。因此，每向下一行，路线的数目要翻倍。总共有八行，并且开始处只有一个T，所以路线的数目是1×2×2×2×2×2×2=128。

如果我们将字母代之以通向它的路线的数目，我们就会得到一个著名的数学矩阵，即帕斯卡三角：

$$
\begin{array}{ccccccccccccccc}
&&&&&&&& 1 &&&&&&&& \\
&&&&&&& 1 && 1 &&&&&&& \\
&&&&&& 1 && 2 && 1 &&&&&& \\
&&&&& 1 && 3 && 3 && 1 &&&&& \\
&&&& 1 && 4 && 6 && 4 && 1 &&&& \\
&&& 1 && 5 && 10 && 10 && 5 && 1 &&& \\
&& 1 && 6 && 15 && 20 && 15 && 6 && 1 && \\
& 1 && 7 && 21 && 35 && 35 && 21 && 7 && 1 & \\
1 && 8 && 28 && 56 && 70 && 56 && 28 && 8 && 1
\end{array}
$$

这里除了两边的1，每个数都是其上左右两个数之和。将各行相加，可得到2的幂：1, 2, 4, 8, 16, 32, 64, 128。这是另一种（密切相关的）求解方式。

星剪旗

将纸张左右对折，然后依次向前向后折出一个36度的角（打开后的折痕应大体如下面左图所示），最终折成下面右图所示的形状。然后拿剪刀以适当角度剪一刀并打开。我用阴影画出了五角星，以展现它与这些折痕的关系。

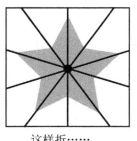

这样折……   ……然后剪开

你也能用类似方式剪出一个六角星。要说有什么不同的话，那就是它更为容易：折出的角是30度，即将直角三等分的角，所以更容易确定。

科拉茨–叙拉古–乌拉姆问题

- ❑ $0 \to 0$
- ❑ $-1 \to -2 \to -1$
- ❑ $-5 \to -14 \to -7 \to -20 \to -10 \to -5$
- ❑ $-17 \to -50 \to -25 \to -74 \to -37 \to -110 \to -55 \to -164 \to -82 \to -41 \to -122 \to -61 \to -182 \to -91 \to -272 \to -136 \to -68 \to -34 \to -17$

珠宝匠的困境

每段链条分别有8、7、6、6、5、5、5、4和3个链环。现在我们选择不是在每段链条上切开一环，而是将那段有八个链环的链条每环都切开，并用这八个链环将其他八段拼接起来，这样总成本为24英镑。但还有一种更便宜的方法。将有四个和三个链环的链条每环切开，并用这七个链环将其他七段拼接起来，这样总成本仅为21英镑。

谢默斯所不知道的

当然，它不能像鸟挥动翅膀那样，疯狂地挥舞爪子，利用空气阻力生成一个力。相反，猫能够做到在不改变其角动量的情况下调整身姿。

- ❑ 初始位置：猫背朝下，静止，角动量为零。
- ❑ 结束位置：猫脚着地，静止，角动量为零。

这其中并没有矛盾之处，但当然，当猫开始转身时，还是有矛盾之处的。除非它并没有转身。猫不是刚体。[*]1894年，法国医生艾蒂安·朱尔·马雷拍摄过一组猫在空中转身的照片。

---

[*] 除非是在你试图把它塞进猫篮好带它去看兽医时。

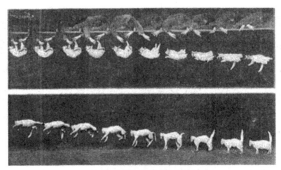

马雷的坠落的猫实验

个中秘密终于被揭开。由于猫不是刚体，它不需要**同时**旋转它的整个身体。下面就是猫在维持零角动量的同时进行转身的秘诀。

- 收紧前肢，展开后肢。
- 将前半身往一个方向迅速扭转，同时将后半身往反方向慢慢扭转。身体两个部分具有相反的角动量，因而总的角动量仍为零。
- 展开前肢，收紧后肢。
- 将后半身快速转过来好与前半身保持一致，同时将前半身往反方向慢慢扭转。再一次地，身体两个部分具有相反的角动量，因而总的角动量仍为零。
- 在这个过程中尾巴也可以动（事实上，通常也是这样做的），以提供可调整的角动量来辅助这个过程。

如今拍的坠落的猫的照片

林肯的狗

那只狗可能缺尾巴或一些腿，或者它也可能是一只有六条腿和五条尾巴的变种狗……好吧，不扯那么远，这其实是一个能够区分数学家和政治家的好问题。林肯当时提出这个问题的语境是，一位支持奴隶制的政治对手声称奴隶制是对奴隶的一种保护，从而试图暗示这种制度是有益的。而林肯的回答是："还是四条。将尾巴称作一条腿并不会使它真正成为一条腿。"言下之意，将奴隶制称作一种保护并不会使它真正成为一种保护。巴拉克·奥巴马那句著名的"你可以给一头猪抹口红，但它仍是一头猪"与此有异曲同工之妙，尽管他的政治对手选择将它阐释为是对萨拉·佩林的攻击。*

然而，如果不考虑语境，大多数数学家会得出与林肯总统不同的答案，他们会回答"五条"。将尾巴称作一条腿相当于一次术语的临时重定义，而这在数学中是司空见惯的。例如在代数中，未知数常用x表示，但这道题中的x值不同于下道题中的x值。x在上周家庭作业中是17，这未必表示它在以后的题目中也永远是17。通常的惯例是，一次术语的临时重定义直到被明确取消或者上下文清楚表明它已被取消之前**一直有效**。

事实上，数学家经常会走得更远，永久性重定义一些重要术语（通常是使其更为一般化）。诸如数、几何、空间、维度等概念的含义，随着学科的发展已经发生过多次改变。

因此，在数学家看来，如果我们同意在接下来的讨论中（这是林肯的提问所暗含的，否则的话，问题根本就不值得提出）将尾巴称作一条腿，则"腿"的含义已经发生了**改变**，现在它涵盖尾巴了。因此，总统先生，根据您自己对腿的重定义，狗有**五条腿**。

---

* 这样的指责并不妥当，他们忽视了在政治中拿猪说事有着漫长的传统，参见：en.wikipedia.org/wiki/Lipstick_on_a_pig

那么林肯这个问题的政治意涵呢？狡辩仍然不成立，但这次是出于另一个不同的理由。当林肯的政治对手声称奴隶制是一种保护时，他为接下来的讨论重定义了"保护"一词的含义，所以通常与"保护"一词相关联的属性现在可能不再适合。特别是，新的含义并没有暗示奴隶制是一种友善的行为。

胡杜尼的骰子

骰子分别是5, 1和3。

如果骰子上的数分别是a, b和c，则计算依次产生以下几个数：

$$2a+5$$
$$5(2a+5)+b=10a+b+25$$
$$10(10a+b+25)+c=100a+10b+c+250$$

所以胡杜尼从763中减去250，便可得到513——三枚骰子上的数。因此，只需将最后的和的第一位数字减去2，将第二位数字减去5，并保持第三位数字不变——简单极了。

风箱猜想

希罗公式涉及三角形的面积x以及边长a, b, c。

令s是三角形周长的一半，即

$$s=\frac{1}{2}(a+b+c)$$

希罗证明了

$$x=\sqrt{s(s-a)(s-b)(s-c)}$$

将上述方程两边求平方，并重新整理得到

$$16x^2+a^4+b^4+c^4-2a^2b^2-2a^2c^2-2b^2c^2=0$$

这是一个将三角形的面积x与三个边长a, b, c关联起来的多项式方程。

数字立方

另外三个其值等于各个数字的立方和的数分别是370, 371和407。

如果这样的数的各个数字分别是a, b, c，则我们需要求解

$$100a + 10b + c = a^3 + b^3 + c^3$$

其中$0 \leq a, b, c \leq 9$，且$a > 0$。共有900种可能性，通过系统地搜索可找到答案。

通过使用一些相当简单的技巧可以减少这里的工作量。例如，如果你将一个完全立方数除以9，余数是0、1或8。而如果你将100或10除以9，余数是1。因此，$a+b+c$和$a^3+b^3+c^3$除以9时得到相同的余数。去掉数字太小或太大而不适用的情况，$a+b+c$必定是7, 8, 9, 10, 11, 16, 17, 18, 19, 20中的一个。然后······好吧，你知道该怎么做。这有点繁复，但坚持一下总能完成。也许存在更好的方法。

将 ORDER 变成 CHAOS

解有许多（情况通常如此，要么有很多，要么一个都没有）。下面给出每道题的一个解：

- ❑ SHIP-SHOP-SHOT-SOOT-ROOT-ROOK-ROCK-DOCK
- ❑ ORDER-OLDER-ELDER-EIDER-CIDER-CODER-CODES
  -CORES-SORES-SORTS-SOOTS-SPOTS-SHOTS-SHOPS
  -SHIPS-CHIPS-CHAPS-CHAOS

如果你担心EIDER和SOOTS是不是有意义，前者是一种秋沙鸭，后者不是"soot"的复数（那是"soot"），而是从动词"to soot"衍生而来，意为"被烟尘笼罩"。这两个词都收录在Scrabble的官方字典中。

我答应过的数学还不见踪影。少安毋躁，现在就给你奉上。

所有这些谜题其实是关于网络（也称为图），后者是由线相连的点的集合。在这里，点代表对象，线代表这些对象之间的联系。在SHIP-DOCK谜题中，对象是四字母单词，而如果两个单词只有一个字母的差别（在

一个具体位置上），则用线将它们连接起来。所有这类四字母单词谜题便可化简为同一个一般化问题：在由所有有意义的四字母单词构成的网络中，是否存在一条将起始单词与结束单词连接起来的路径？

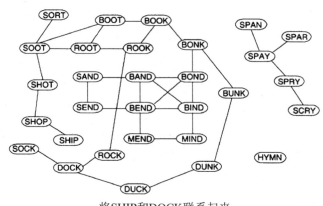

将SHIP和DOCK联系起来

上图只是这个网络的一小部分，但这已足够找到一个解答。

人们设计了各种计算机算法，用来找出某个网络中任意两个节点之间的路径，而其中用到的数学很快会变得相当高深。一个相对简单的要点是，整个网络分成了一个或多个分支，并且在一个分支中的所有单词都通过路径相互连接。所以一旦你成功地将一个单词连接到某个分支中的某个单词，你就可以轻松地将它连接到这个分支中的所有其他单词。

那么分成了多少个分支呢？由保罗·埃尔德什和奥尔弗雷德·雷尼在1960年证明的一个定理暗示，如果平均而言每个单词连接到足够多的其他单词（超过某个临界值），则我们应该预期会找到一个几乎囊括所有单词的巨大分支，以及若干小得多的分支。情况也确实如此。巨大分支通常会缺失一些单词。比如，如果我们找到了一个孤立的单词（它**没有**直接相连的邻居），则那个单词自身就构成了一个分支，不与任何其他的相连。

那么像SCRY（意为用水晶球占卜）这样生僻的单词会怎样？它是孤立的吗？不是的，SCRY可连接到SPRY，接着到SPAY，然后到SPAR、SPAN等。它没有被"困住"，并且潜在的连接有很多，所以我们可以预期它会连接到庞大分支，尽管我前面的图中没有显示具体是如何做到的。事实上，SPAY-SPAT-SPOT-SHOT是一条可行的路径。这解释了**为什么**绝大多数情况下只有一个庞大分支。由于它如此庞大，只要一个单词通过一条路径与相当数量的单词相连，它具有的潜在连接就会变得越来越多，使得终有一天，这条路径也会汇入庞大分支。

特德·约翰逊分析了四字母单词网络，只对连接的定义略作修改：允许反转单词。这很可能不会对分支造成显著变动（即使有的话），毕竟相对而言很少有单词在反转后仍有意义。

他从一个在线字典中生成了自己的四字母单词列表，包含总共4776个单词。通过使用数学方法（计算机脚本语言Perl的Graph模块），他发现有些单词是孤立的（像HYMN），或者构成了孤立的单词对。另一个小分支只包含八个单词。剩下的4439个单词构成了一个包含4436个单词的庞大分支，以及一个包含三个单词（TYUM、TIUM和TUUM）的小分支。这三个单词不见于Scrabble字典，但TUUM源自拉丁语，意为"你的"。所以我倾向于排除其他两个单词，而将TUUM视为一个孤立的单词。他的研究结果可参见：users.rcn.com/ted.johnson/fourletter.htm

如果你再细看一下这个网络，你会注意到一些规则的结构特征。由BAND、BEND、BIND和BOND构成的组合便是一例：它们相互连接。这是因为所有的改变都发生在同一个位置上——左起第二个位置。研究基因网络的生物学家将这类具有显著模式的小型子网称为网络motif。MARE、MERE、MIRE、MORE和MURE是另一个包含五个单词的例子。

这个单词网络中一个更显著的motif是像SHOT-SOOT-SORT这样的三单词序列，其中中间的单词有两个元音。元音至关重要。大多数单词变换是将一个辅音变成另一个辅音，或者一个元音变成另一个元音。但如果所有的变换都只能这样，那么元音的位置将无法移动。因此，将元音在第三个位置的SHIP变成元音在第二个位置的DOCK将是不可能的。幸好有时辅音可以变成元音，元音也可以变成辅音。像SHOT-SOOT-SORT这样的序列便实际上移动了元音的位置，通过引入新的元音，然后丢弃原来的元音。

将ORDER变成CHAOS，最大的困难在于移动元音的位置。而这正是单词EIDER和SOOTS派上用场的地方。另外注意到，尽管起始和结束单词都在第四个位置上有一个元音，但部分中间单词不是这样。有时你不得不绕点远路。

如果我们把元音的定义放宽松点，则每个英语单词都包含一个元音。当然，标准元音是AEIOU。但在比如SPRY中，Y表现得像元音，并且Y也经常被纳入元音列表中。W在威尔士语单词CWM中也是如此（如果我们使用其复数CWMS，它就会出现在四字母单词网络中）。如果我们像这样定义元音，或者剔除不包含元音的单词，前面所描述的SHIP-DOCK定理便能成立。也就是说，将SHIP变成DOCK时，有些中间单词必须包含两个元音。

为什么呢？在每一步，元音数目最多可以变动1，而如果数目没有改变，则元音停留在同一个位置。如果元音数目始终为1，则SHIP中的元音将不得不停留在第三个位置——但DOCK中的元音在第二个位置。因此，元音数目必须改变。我们来看看发生改变的第一个单词。它原来为1，变动1，所以结果为2或0。但根据我们对元音或合法单词的约定，0被排除，所以它必定为2。这个定理对任何长度的单词也成立。如果起始单词有一个元音，而结束单词在这个位置上是个辅音，或反之，则中间某处的单词必定有两个或更多的元音。为什么会更多？因为在像ARISE-AROSE这样的例子中，起始和结尾单词均有两个以上的元音。

毛球定理

是的，有可能做到抚平毛球的每一点，除了一点外。这里的思路是，移动那两簇竖毛，直到它们重叠在一起。

把各个闭环平滑地延伸到背面

正放和倒放的茶杯

茶杯谜题1

这不可能做到，并且同样可利用奇偶性证明。在这里，我们从有偶数（0）只正放茶杯的局面开始，要求达到有奇数（11）只正放茶杯的局面。但我们每一步翻转偶数只茶杯，这意味着奇偶性不会改变。

茶杯谜题2

这回则有解，并且最少需要四步。

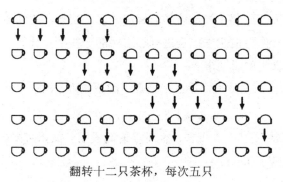

翻转十二只茶杯，每次五只

对于使用n只茶杯（一开始时全部倒放）、每一步翻转恰好m只茶杯的一般化版本，利用奇偶性可证明，n为奇数且m为偶数的情况无解。而在其他情况下，解都存在。萧文强和我证明了，最少步数以出人意料复杂的方式取决于m和n，共有六种不同情况。下面给出答案以供参考：

> n为偶数，m为偶数，且$2m{\leq}n$，则为$\lceil n/m \rceil$
>
> n为偶数，m为偶数，且$2m{>}n$，则若$m{=}n$，为1；若$m{<}n$，为3
>
> n为偶数，m为奇数，且$2m{\leq}n$，则为$2\lceil n/2m \rceil$
>
> n为偶数，m为奇数，且$2m{>}n$，则为$2\lceil n/2(n{-}m) \rceil$
>
> n为偶数，m为奇数，且$2m{\leq}n$，则为$2\lceil (n{-}m)/2m \rceil{+}1$
>
> n为偶数，m为奇数，且$2m{>}n$，则若$m{=}n$，为1；若$m{<}n$，为3

这里的$\lceil x \rceil$是向上取整函数：大于或等于x的最小整数。

可以公开的密码

RSA加密算法的一般过程是这样的。

- ❑ 选择两个质数p和q。它们应该都非常大，比如每个数有100位甚或200位。算出它们的乘积pq。
- ❑ 在1和$(p{-}1)(q{-}1)$之间选择一个不是p或q的倍数的整数e。
- ❑ 现在，为了发送讯息N给鲍勃，爱丽丝将讯息N编码为$N^e\ (\mathrm{mod}\ pq)$，并将之发送。

这时，甚至爱丽丝都不知道该如何解码讯息。当然，她知道她发的是什么。所幸由于欧拉的工作以及进行加密时的一些初步计算，鲍勃知道一个爱丽丝不知道的重要事实：

- ❑ 在同样的范围里，存在一个唯一的整数d，使得

$$de \equiv 1\ (\mathrm{mod}\ (p{-}1)(q{-}1))$$

并且鲍勃知道d是什么。现在，他可以解码爱丽丝的讯息$N^e\ (\mathrm{mod}\ pq)$，通过使之变成$(N^e)^d\ (\mathrm{mod}\ pq)$。

欧拉定理告诉我们

$$(N^e)^d \equiv N^{ed} \equiv N \pmod{pq}$$

由此鲍勃完全复原了讯息N。

在实践中，选择p和q并算出pq，然后让爱丽丝知道pq以及加密用的e是什么，这是相对简单的。然而，假如现在大家都忘记了p和q是什么，再找出它们是不可能的！所以在使用大质数时，爱丽丝无法根据它们的乘积推断出它们。其他偷窥者也无从破解这条加密讯息，除了合法的接收者鲍勃。

日历魔术

	x	$x+1$	$x+2$	
	$x+7$	$x+8$	$x+9$	
	$x+14$	$x+15$	$x+16$	

这些数始终具有这样的模式

如果最小的数是x，那么3×3方格中的数分别是x, $x+1$, $x+2$, $x+7$, $x+8$, $x+9$, $x+14$, $x+15$, $x+16$。这些数加起来为$9x+72=9(x+8)$。志愿者告诉了胡杜尼x是什么，所以胡杜尼只需将之加上8，再乘以9。一个数乘以9的一种速算方式是，在这个数的末尾加0，然后减去这个数。

当所选的数是11时，胡杜尼只需加上8得到19，再算出190−19=171。

十一法则

最大的数是9 876 524 130，最小的数是1 024 375 869（回想一下，不能以0开头）。

那我们是如何找到这些数呢？根据那个检验方法，我们需要将数字

0–9分成两组，每组五个数字，使得这两组的和相差11的倍数。事实上，我们可以证明这个差肯定是11或–11。令两组的和分别是a和b，则$a-b$是11的某个倍数。同时，$a+b$是0–9所有数字的总和，即45。因此，$a-b=(a+b)-2b=45-2b$。由于45是奇数，而$2b$是偶数，所以$a-b$肯定是奇数。因此，它可能是11, 33, 55, …，或者它们的相反数–11, –33, –55, …之一。然而，a和b都介于$0+1+2+3+4=10$和$9+8+7+6+5=35$之间。所以它们的差介于–25和25之间。这将可能性压缩到了–11和11。

现在，我们可以求解方程组$a-b=11, a+b=45$（或者$a-b=-11, a+b=45$）得到a和b。结果是$a=28, b=17$或$a=17, b=28$。接下去我们还需要寻找将17写成五个不同数字之和的所有可能方式。我们可以系统地搜索一下，并注意到涉及的数字不会非常大。例如，$2+3+4+5+6=20$已经太大了，所以最小的数字必定是0或1，诸如此类。最终，其中一组五个数字必定是下面之一：

      01259, 01268, 01349, 01358, 01367, 01457,

      02348, 02357, 02456, 12347, 12356

另一组五个数字则是对应的剩下的那些数字，即

      34678, 34579, 25678, 24679, 24589, 23689

      15679, 14689, 13789, 05689, 04789

为了得到用到所有十个数字的11的最大倍数，我们必须让这两组数字相互交叉，并使得左起的数字尽可能大。我们可以从98765开始，它用到了34579和01268这两组数字（我用加粗和下划线表明数字分别来自哪组）。继续选择可选项中最大的数字（所谓**贪婪算法**），我们便得到了9876524130。

最小的数要稍难一些。我们不能从0开始，所以1是次优的选择。如有可能，它后面应该跟着0，然后是2, 3等。如果我们尝试从10234开始，我们会被卡住，因为上面所列的唯一包含1, 2和4的一组数字是12347，但

这组数字也包含3，而它应该在另一组中。事实上，从1023开始也无法继续，因为任何包含1, 2的一组数字也包含0或3，而它们必须在另一组中。因此，下一个最小的可能要从1024开始，并且其中最小的数将以10243开头。这使得一组数字必定是12356，而另一组是04789。将这些数字相互交叉，我们得到了最小的1024375869。

在11的正整数倍中，$a-b$ 之差不为零的最小的数是209。如果你尝试11的前几个倍数，比如11, 22, 33等，则 $a-b$ 显然是0，直到至少99，因为这时 $a=b$。下一个倍数110也满足 $a=b$；121, 132, 143, 154, 165, 176, 187, 198也是如此。但对于209，$a=11, b=0$，所以这是最小的情况。

成倍的数字

2 1 9	2 7 3	3 2 7
4 3 8	5 4 6	6 5 4
6 5 7	8 1 9	9 8 1

共同知识

对于有三个僧侣、每个人头上都有斑点的情况，推理如下。

阿尔弗雷德心想：如果**我**头上没有斑点，那么班尼迪克会看到西里尔头上有斑点，而我头上没有。然后他会问自己头上有没有斑点。他会想："如果我，班尼迪克，头上没有斑点，那么西里尔看到阿尔弗雷德和我头上都没有斑点，便会很快推断出他自己头上有斑点。但善于逻辑推理的西里尔没有举手，所以我头上肯定有斑点。"

现在阿尔弗雷德推理道："由于班尼迪克也善于逻辑推理，并且有足够的时间思考，但仍然没有举手，那么我，阿尔弗雷德，头上肯定有斑点。"想到这，阿尔弗雷德脸红了——班尼迪克和西里尔也是如此，他们用了类似的推理思路。

现在假设有两个僧侣，只有班尼迪克头上有斑点。在院长那样说后，班尼迪克看到阿尔弗雷德头上没有斑点，便推断自己头上肯定有，所以在第一次铃响时举起了手。阿尔弗雷德没有举手，因为在那个阶段，他还无法确认自己的斑点状况。

接下来，考虑三个僧侣的情况。假设班尼迪克和西里尔头上有斑点，但阿尔弗雷德头上没有。

班尼迪克只看到一个斑点，在西里尔头上。他推理道：如果他，班尼迪克，头上没有斑点，那么西里尔看不到一个斑点，应该会在第一次铃响后举手。但西里尔没有举手（我们很快就能看到为什么），所以班尼迪克现在知道他头上肯定有斑点。因此，他在第二次铃响后举起了手。

西里尔所处的情况与班尼迪克的完全一样，因为他也只看到一个斑点，在班尼迪克头上。因此，他在第一次铃响后没有举手，但在第二次铃响后举起了手。

阿尔弗雷德的情况则相当不同。他看到两个斑点，一个在班尼迪克头上，另一个在西里尔头上。他想知道自己头上是否也有斑点。如果有，那么他们三个人头上都有斑点，而根据前面那版谜题的逻辑，他知道他们都将等到第三次铃响，然后同时举起手。因此，他没有，也不应该在第一次或第二次铃响后举手。然后其他两个人举起了手，这时他知道自己头上没有斑点。

同样地，通过归纳，可得出一个对于 n 个和尚、m 个斑点的一般情况的完整证明。细节我就不在这里详述了。

腌洋葱谜题

原来有31个腌洋葱。

假设一开始有 a 个腌洋葱，第一位旅客吃过后剩下 b 个，第二位旅客吃过后剩下 c 个，第三位旅客吃过后剩下 d 个，则有

$$b=2(a-1)/3 \quad c=2(b-2)/3 \quad d=2(c-3)/3$$

它们可改写成

$$a=3b/2+1 \quad b=3c/2+2 \quad c=3d/2+3$$

已知$d=6$，从后往回推，可得$c=12, b=20, a=31$。

猜牌

在每个阶段，当胡杜尼拿起牌时，他都将志愿者选择的那堆牌夹在其他两堆牌之间。因此，志愿者所选的牌逐渐移动到了这堆牌的中间。最后只需取出志愿者选择的那堆牌的中间那张。

现在用一整副牌

把戏的第二步等价于问所选的牌在第一步的哪一列中。知道了在哪一行，现在又知道了在哪一列，胡杜尼很容易就能辨认出那张牌。

这个把戏有点易识破，不过可以稍加掩饰，使之不显得那么一目了然。用30张牌玩可能效果更好。第一次发成6行，每行5张；第二次发成5行，每行6张。对于任意整数a和b，可以使用ab张牌，先发成a行，每行b张，再发成b行，每行a张。

万圣节=圣诞节

因为31 Oct＝25 Dec。也就是说，八进制（octal）下的31＝十进制（decimal）下的25。在八进制中，31意味着$3\times8+1$，即25。

用长方形拼成正方形

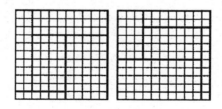

登赫托格和史密斯发现的解

我知道至少有两个不同的解，如果不算旋转或反射的话。第一个解由M. 登赫托格发现，第二个解由伯蒂·史密斯发现。在第一个解中，矩形边长分别为1×6, 2×10, 3×9, 4×7和5×8。在第二个解中，矩形边长分别为1×9, 2×8, 3×6, 4×7和5×10。

宝藏就在标 X 处

从绝望角：113海里；从海盗湾：99海里；从弯刀山：85海里。

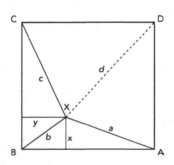

红胡子船长地图上的距离

上图显示了要求的三个距离：a, b, c。当然，我们已知$b=99$。令$s=140$为正方形的边长。考虑如图所示的另外两个长度x和y。根据毕达哥拉斯定理，

$$a^2=x^2+(s-y)^2=x^2+s^2-2sy+y^2$$
$$c^2=y^2+(s-x)^2=y^2+s^2-2sx+x^2$$
$$b^2=x^2+y^2$$

第一步是消去x和y。从第一个方程和第二个方程中分别减去第三个方程，我们得到

$$2sy=s^2+b^2-a^2$$
$$2sx=s^2+b^2-c^2$$

因此，

$$(s^2+b^2-a^2)^2+(s^2+b^2-c^2)^2=4s^2(x^2+y^2)=4s^2b^2$$

这是a, b, c和s之间的基本关系。

用已知值s=140和b=99代入，我们得到

$$(29\,401-a^2)^2+(29\,401-c^2)^2=27\,720^2=(2^3\times3^2\times5\times7\times11)^2$$

根据提示，现在我们知道$29\,401-a^2$和$29\,401-c^2$都是7的倍数。（相应的命题对于因子2和5不成立，但对于3和11成立。）再次考虑因子7（类似的技巧也适用于3和11），我们发现

$$29\,401=4200\times7+1$$

所以$1-a^2$和$1-c^2$也都是7的倍数。也就是说，a^2和c^2是形为$7k+1$或$7k-1$的整数，其中k为适当的整数。

现在只剩下尝试a的可能值，看看

$$23\,800^2-(29\,401-a^2)^2$$

是否为完全平方数；以及如果是的话，对应的c是否为整数。这里涉及的都是7的倍数，而这减少了工作量，因为我们只需检验a的以下值：

$$1, 6, 8, 13, 15, 20, 22, \ldots$$

当c小于a时，我们就可以终止，因为接下来我们要进行同样的计算，只不过将a和c作了交换。

对于$7k+1$的情况，我们发现当k=12时，a=85, c=113；当k=16时，也有解a=113, c=85，这时a和c交换了。$7k-1$的情况无解。

由于地图背后的指示说，距离最近的标记是C，我们需要$c<a$，所以a=113, c=85。

这是得到答案的一种方法，但其背后的数学故事还不止于此。

这道谜题是四距离问题的一个具体例子：对于一个边长为整数的正方形，内部是否存在一个点，使得它距正方形四个角的距离都为整数？还没人知道答案。在很长时间里，甚至没人知道其中三个距离是否能为整数。

我们已经推导出了s, a, b和c之间的一个关系：

$$(s^2+b^2-a^2)^2+(s^2+b^2-c^2)^2=(2bs)^2$$

第四个距离d（在前面的图中，我用虚线表示）必须满足

$$a^2+c^2=b^2+d^2$$

J.A.H.亨特发现了一个公式，给出了第一个方程的部分（但不是全部）解：

$$a=m^2-2mn+2n^2$$
$$b=m^2+2n^2$$
$$c=m^2+2mn+2n^2$$
$$s^2=2m^2(m^2+4n^2)$$

并注意到s是整数，只要取

$$m=2(u^2+2uv-v^2)$$
$$n=u^2-2uv-v^2$$

其中u和v为整数。

令$u=2$，$v=1$，我们得到$s=280$，$a=170$，$b=198$，$c=226$。消去因子2，我们得到$s=140$，$a=85$，$b=99$，$c=113$。这时第四个距离$d=\sqrt{10193}$，它不是个整数，实际上也不是个有理数。事实上，现在已知，亨特公式中的第四个距离d永远不会是个有理数，所以单靠这个公式并不能解决四距离问题。然而，存在其他不解自亨特公式的三距离问题的解。

这个迷人的问题与代数几何中的库默尔曲面有深层联系。参见：Richard K. Guy, *Unsolved Problems in Number Theory*.

反物质究竟是什么？

原始的狄拉克方程看上去是这样子的：

$$(\beta mc^2 + c(\sum_{n=1}^{3} \alpha_n p_n))\psi(x,t) = i\hbar\frac{\partial\psi(x,t)}{\partial t}$$

其中

$\psi(x,t)$是质量为m的电子的波函数，x和t分别是空间和时间的坐标

p_n是电子的动量算符

α_n和β是4×4阶系数矩阵

$\hbar$是约化普朗克常数，即普朗克常数除以2π

i是虚数单位

c是光速

能明白吗？我之所以要在这里写出公式，只是为了说明该方程并非一目了然，也是因为有意忽略它是不恰当的。说到$E=mc^2$，每个人都会把它写出来，甚至是斯蒂芬·霍金，[*]但只是根据复杂程度对公式进行区分是错误的。在他的《量子力学原理》一书中，狄拉克用了近四页的篇幅来解释这个方程的推导过程，并用了前面250页的大部来引入所需的思想。

比萨盒斜塔

用五个盒子时，最大悬空长度是1.304 55。用六个盒子时，最大悬空长度是1.4367。盒子摞法看上去是这样的：

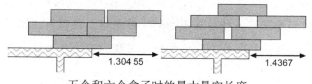

五个和六个盒子时的最大悬空长度

帕特森和兹维克的论文参见：M. Paterson and U. Zwick, "Overhang," *American Mathematical Monthly* 116 (2009) 19–44.

派达哥拉斯招牌果馅派

三个派的面积分别是9π（小）、16π（中）和25π（大），所以大派的面积等于另外两个派的面积之和。如果把大派切成两半，那么阿尔文和布伦达可以各分一块（$25\pi/2$）。另外两个派要在卡西米和苔丝狄蒙娜之间分。这时可以从中派中切出$7\pi/2$，再把这一块与小派一起给卡西米（$9\pi+7\pi/2=25\pi/2$）。苔丝狄蒙娜则得到中派剩下的部分（$16\pi-7\pi/2=25\pi/2$）。

---

[*] 在《时间简史》中，他提到了一条编辑建议：每出现一个公式就会使书的销量减半。所以他本可以卖出比现在**多一倍**的书。天呐。

切中派的办法有很多。传统的方法是把小派摆在中派上面并居中，然后沿小派周长的一半切出中派多出小派的部分。当然，你可以切成任意形状，只要面积是7π/2就行。并且将大派切成两半，也不一定要沿直径切，也可以是弯曲的。

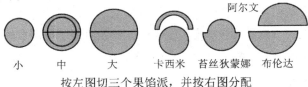

小　　中　　大　　卡西米　苔丝狄蒙娜　布伦达

阿尔文

按左图切三个果馅派，并按右图分配

方片框

有十种本质上不同的答案，而比如交换右边的A和7不算不同的答案，因为那只是一个保持总和不变的简单变换。总和为18的有两种，总和为19的有四种，总和为20的有两种，总和为22的有两种。下图是其中之一。

十个答案之一：总和为18

倒水问题

你可以使用试错法，或者列出所有可能的状态，然后从中找出一条从起始状态到结束状态的路径。下面是一个解答，需要九步操作（第二个图中有两步）。还有比这步数更少的解答，我稍后会介绍。

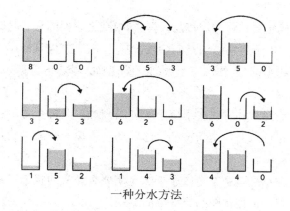

一种分水方法

然而，存在一种更系统的方法，它似乎由M.C.K.特威迪在1939年最先发表。它使用了一个等边三角形网格（工程师称之为斜格纸，数学家称之为三线坐标）。

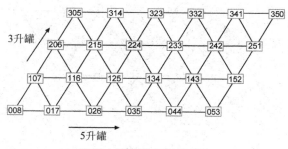

表示水罐的所有可能状态

在这里，数的三元组表示每个罐里有多少水（顺序分别为3升罐、5升罐和8升罐）。例如，251意味着：3升罐里有2升水，5升罐里有5升水，8升罐里有1升水。如果你看第一个数，上图中最下面一行都从0开始，其上一行都从1开始，依此类推。类似地，看第二个数，从左到右，每列依次是0，1，2，3，……。所以图中的两个箭头是代表3升罐中水量和5升罐中水量的"坐标轴"。

8升罐是什么情况呢？由于水的总量始终是8升，所以第三个数总是由前两个数确定的：将它们相加，再从8中减去它们的和。但这里有一个漂亮的模式。由于斜格纸的几何性质，左上–右下方向直线（也就是图中的第三个直线系统）上的第三个数都一样。例如，看一下贯穿305, 215, 125, 035的那条直线。

如果我们用这种方式表示罐子的可能"状态"（每个罐中有多少水），那么从一个状态到另一个状态的合法移动会遵循一个简单的几何模式。下面我就来解释。

首先，注意到其中某个罐子要么全满要么全空的状态（它们可由合法的移动得到）正是在图的边界上的那些。

所以合法的移动是从某个状态（必然在边界上）开始，沿一条直线移动，直到再次碰到边界。如果你从一个角开始，并沿边界移动（比如从008到053），那么你中途不能停下来，而只能一直移动到下一个角。

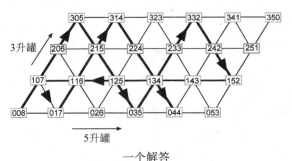

一个解答

因此，我们可以这样求解这道题：从008开始（左下角），像台球一样在平行四边形内弹来弹去，得到箭头所示的路径。这时我们依次访问了状态

008, 305, 035, 332, 152, 107, 017, 314, 044

并注意到这是我们想要的结束状态，所以我们停了下来。

这正是前面给出的解答。下面是**另一个解答**。

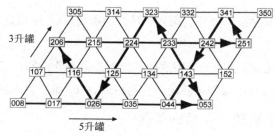

另一个解答

现在，其序列是

$$008, 053, 323, 026, 206, 251, 341, 044$$

它只需七步操作，而不是九步。或许你发现的正是这个解答。

射箭练习

塔克射中了外环（浅灰色），而罗宾汉射中了三个内环（深灰色）。

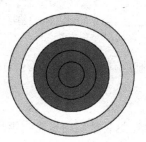

罗宾汉和塔克射中的环

当$r=1, 2, 3, 4, 5$时，各圆的面积πr^2分别为

$$\pi, 4\pi, 9\pi, 16\pi, 25\pi$$

各环的面积是相邻两个圆的面积之差：

$$\pi, 3\pi, 5\pi, 7\pi, 9\pi$$

它们是π乘以连续的奇整数。罗宾汉的奇整数小于或等于塔克的奇整数，因为罗宾汉的箭更接近靶心。把这几个奇整数分成和相等的两组，唯一的可能性是$1+3+5=9$。

加分题1答案：六个环。第六个环的面积是11π，所以1+3+7=11是另一个解。

加分题2答案：八个环。罗宾汉的奇数必须是连续的，塔克的奇数也必须是连续的。接下来两个环的面积为13π和15π，而3+5+7+9=24=11+13。

科罗拉多·史密斯：失落的草席

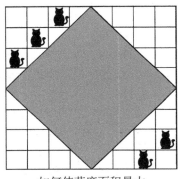

如何使草席面积最大

记住，化身需要控制所有其他草席。否则你可以使草席面积更大。

月有阴晴圆缺

CB恰好是AB的一半。这种情况出现在朔望月周期的1/6和5/6处。（不是1/4和3/4！）

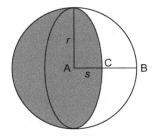

月牙的面积是满月时的四分之一

　　月牙的内缘是半椭圆（参见《数学万花筒（修订版）》第275页）。前面的图画出了完整的椭圆。当浅色月牙的面积是圆面积的1/4时，椭圆面积是圆面积的1/2。令$AB=r$，$AC=s$。圆的面积是πr^2。椭圆的面积是πab，其中a和b分别是长轴和短轴的一半，在这里$a=r$，$b=s$。我们想要$\pi rs=\pi r^2/2$，所以$s=r/2$。

　　为了确定这些月牙出现的时刻，我们从"上面"俯视月球。地球的中心在点E处，月球的公转轨道表示为较大的圆（这里大小不成比例）。太阳光照亮了月球的一半，月球的另一半是暗的（这里以灰色表示）。朔出现在月球的中心移至点O时。

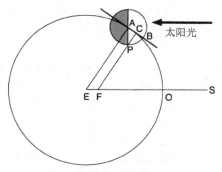

月球公转轨道的几何学

　　点A，B，C对应于前一个问题中的相应点。我们想要选择某个角SEA，使得C是AB的中点，其中P是月球暗部的边缘，FPC平行于EA（平行投影假设）。由此，BP=AP（因为三角形APB是等腰三角形）。又有AP=AB（因为两者都是月球的半径），所以三角形APB实际上等边三角形，角PAB=60度。所以角PAE=30度，角SEA=60度，也就是整个圆的六分之一。因此，这时月球运行了朔望月周期的1/6。

　　在朔望月周期的5/6处还有一个相对的位置，可通过沿直线ES反射上图获得。

杜德尼如何钻劳埃德的空子

根据奇偶性，这道儿童谜题看上去似乎无解。所有的数都是奇数，六个奇数之和必定为偶数，而不可能是21。加德纳的答案是钻自己题目的空子。把矩阵颠倒过来，圈出三个6和三个1，从而得出答案。但一位名为霍华德·威尔克森的读者圈出了三个3和一个1，然后围绕另外两个1画了一个大圆（得到11）。我想，这是一个更优雅的钻文字空子。

劳埃德的构造拼出的是一个矩形，很像正方形，但终究边长不同。如果法冠由边长为1的正方形做成，这样它的面积为3/4，则劳埃德的"正方形"的水平边长为6/7，竖直边长为7/8。

杜德尼的五块解答见下图。如果各个长度选择得正确，拼出的恰好是个正方形。

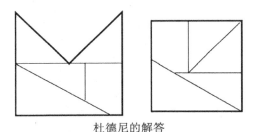

杜德尼的解答

尚不知道四块解答是什么样的，它很可能不存在，但存在的可能性尚未被排除。

钻水管的空子

最严谨的说法，其实我本该说："也不允许将**连接**穿过房子或公用事业公司。"因为正如戴维·厄普希尔指出的，如果单从字面上看，即使禁止管道穿过房子，这个问题也有一个解。我已经将他的建议稍作修改，以便更贴合我的问题。它使用了两个大水箱，从而让水的连接穿过两幢房子。所以管道根本没有**进入**房子，更别说穿过房子了。

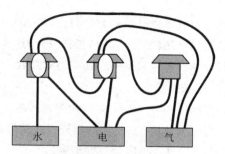

公用事业问题的钻文字空子

好吧……如果你觉得水箱被这样使用时，它实质上还是管道（这也是我的第一反应），那么这个布局并不符合条件。这正是我将它视为一个钻文字空子的原因。不过这个方法相当巧妙，值得让更多人知道。

计算器趣题 2

当你将0588235294117647乘以2, 3, 4, 5, …, 16时，同一个数字序列会以首尾相接的次序出现。也就是说，数到这个序列的末尾时，你需要再从头开始继续数。具体如下：

$$0588235294117647×2=1176470588235294$$
$$0588235294117647×3=1764705882352941$$
$$0588235294117647×4=2352941176470588$$
$$0588235294117647×5=2941176470588235$$
$$0588235294117647×6=3529411764705882$$
$$0588235294117647×7=4117647058823529$$
$$0588235294117647×8=4705882352941176$$
$$0588235294117647×9=5294117647058823$$
$$0588235294117647×10=5882352941176470$$
$$0588235294117647×11=6470588235294117$$
$$0588235294117647×12=7058823529411764$$
$$0588235294117647×13=7647058823529411$$

$$0588235294117647 \times 14 = 8235294117647058$$
$$0588235294117647 \times 15 = 8823529411764705$$
$$0588235294117647 \times 16 = 9411764705882352$$

我的第二个问题的答案是：

$$0588235294117647 \times 17 = 9999999999999999$$

而之所以会这样，是因为分数1/17的小数展开式是无限循环小数

$$0.0588235294117647 \, 0588235294117647$$
$$0588235294117647 \ldots$$

哪个大？

直接计算可知，$e^\pi \approx 23.1407$ 而 $\pi^e \approx 22.4592$，所以 $e^\pi > \pi^e$。

实际上，存在一个更一般化的结果：对于任意大于零的数，$e^x \geq x^e$，等号当且仅当 $x = e$ 时成立。因此，不仅 $e^\pi > \pi^e$，还有 $e^2 > 2^e$，$e^3 > 3^e$，$e^4 > 4^e$，$e^{\sqrt{2}} > (\sqrt{2})^e$，以及 $e^{999} > 999^e$。最简单的证明借助了微积分，想一探究竟的读者可以继续往下读。它也帮助解释了为什么 e^π 和 π^e 如此接近。

令 $y = x^e e^{-x}$，其中 $x \geq 0$。我们通过设 $dy/dx = 0$ 求驻点（极大值点、极小值点等）。因此，

$$\frac{dy}{dx} = (ex^{e-1} - x^e)e^{-x}$$

它只有在 $x = 0$ 和 $x = e$ 处值为0。在 $x = 0$ 处，$y = 0$，它显然是一个最小值；在 $x = e$ 处，$y = 1$，这实际上是一个最大值。要知道为什么，计算二阶导数

$$\frac{d^2 y}{dx^2} = [e(e-1)x^{e-2} - 2ex^{e-1} + x^e]e^{-x}$$

在 $x = e$ 处的值，得到 -1，它是负数，所以以 $x = e$ 处是一个最大值，最大值为1。

因此，对于所有 $x \geq 0$，$x^e e^{-x} \leq 1$，等号当且仅当 $x = e$ 时成立。在两边都乘以 e^x，我们便可得到，对于所有 $x \geq 0$，

$$e^x \geq x^e$$

等号当且仅当 $x = e$ 时成立。证毕！

函数$y=x^e e^{-x}$的图像在$x=e$处有一个峰值，并随着x无穷增大而趋于0。

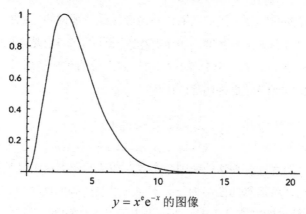

$y = x^e e^{-x}$ 的图像

这帮助解释为什么e^π和π^e如此接近，以至于无法一眼看出哪个大。如果数x相当接近于e，则$x^e e^{-x}$接近于1，所以x^e接近于e^x。例如，如果x在1.8和3.9之间，则x^e至少是$0.8e^x$。特别地，$x=\pi$时就是如此。

科罗拉多·史密斯2：太阳神殿

下图所示的分法解决了这道谜题。其沿对角线的反射也可以。

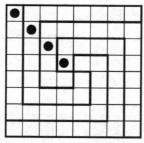

四个区域形状相同，且每个区域包含一个太阳圆盘

为什么我不能像做分数乘法那样做分数加法？

最简短的回应是，我们之所以不能像做乘法那样将它们相加，是因为这样我们得不到正确答案！由于3/7接近于1/2，2/5也是如此，所以它们之和必定至少是1/2。但5/12小于1/2，因为12的一半是6。这里的错误在我们尝试1/2+1/2时更为明显，因为

$$\frac{1}{2} + \frac{1}{2} = \frac{1+1}{2+2} = \frac{2}{4}$$

说不通：由于2/4=1/2，上式实际上是在说1/2+1/2=1/2。

很好，但为什么乘法的法则会奏效？加法的正确法则又是什么呢？

要看出两种运算的法则为什么不同（以及正确的做法应该是什么样的），一种简单的方式是画图。下面是表示2/5×3/7的图。

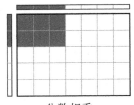

分数相乘

竖条是一条分成相等五段的线段，其中两段涂灰，代表2/5。类似地，横条代表3/7。矩形代表乘法，因为两边相乘得到矩形的面积。大矩形包含5×7=35个方块。灰矩形包含2×3=6个方块。因此，灰矩形是大矩形的6/35。

对于2/5+3/7，对应的图看上去像这样。

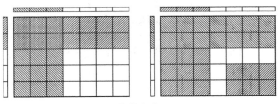

分数相加

通过取五行中的上面两行，我们得到大矩形的2/5；通过取七列中的左边三列，我们得到大矩形的3/7。将这些区域用不同的阴影表示在前面左图中，可以发现它们有**重叠**之处。为了统计总共有多少个方块，我们可以把重叠的方块数两次，或者像前面右图那样移动一下位置。不管用哪种方法，我们都可算得总共是35个方块中的29个，所以和必定是

$$\frac{2}{5}+\frac{3}{7}=\frac{29}{35}$$

为了看出29与原来两个分子的关系，只需算出上面两行的方块数，即2×7，再加上左边三列的方块数，即3×5。于是2×7+3×5=29。所以加法法则是

$$\frac{2}{5}+\frac{3}{7}=\frac{2\times7+3\times5}{5\times7}$$

这就是人们常说的"通分"的由来。

资源整合

这是个糟糕的主意。各卖各的，克莉丝汀将收入150英镑，达芙妮将收入100英镑，总共250英镑。而合并后，她们的总收入会是240英镑，要比各卖各的少。

这两对女人都做了一个无根据的假设，只是恰好情况对第一对有利，而对第二对不利。这个假设是，将a只b英镑的定价与c只d英镑的定价合并起来的方法是将数直接相加，得到(a+c)只(b+d)英镑。这实质上是试图使用下面的法则将对应的分数相加

$$\frac{b}{a}+\frac{d}{c}=\frac{b+d}{a+c}$$

而通过前面的谜题我们已经看到这不管用。有时得出的是一个低估值，有时是一个高估值。只有当涉及的两个分数相同时，得到的才是正确结果。

自我复制瓷砖

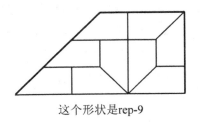

这个形状是rep-9

钻环面的空子

环面可被表示为一个长方形，并想像其相对的两边接在一起。也就是说，从一边消失的东西会在相对的另一边重新出现。莫比乌斯带则可被画成一个长方形，其左右两边接在一起，并扭转了180度。下面是以这种方式画出来的可能的解答。要记住，如果你是画在一条用纸做的莫比乌斯带上，那么这些连线要"渗进"纸里。

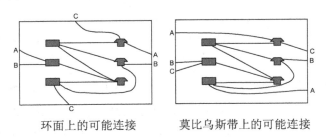

环面上的可能连接　　　　莫比乌斯带上的可能连接

火腿三明治定理

大量例子表明，一般而言，你不能用一条直线平分平面上的三个形状。下面是一个涉及三个圆的例子。很容易证明，平分下面两个圆的唯一一条直线是图中所示的那条直线。而它没有平分第三个圆。

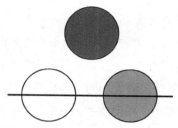

平分下面两个圆的直线只有一条，而它没有平分上面那个圆

同样的思路也适用于三维空间中的四个球。其中三个球的中心处在某个平面上，并且只要那些中心不在一条直线上，就恰好只有一个这样的平面。现在只需将第四个球的中心放在该平面之外。

暴脾气星上的板球

因为暴脾气星人使用七进制。在他们的系统中，100等同于我们的

$$1 \times 7^2 + 0 \times 7 + 0 \times 1 = 49$$

所以他们会非常兴奋，而不是感到失望：十进制下的得分49刚好是暴脾气星人的一百！

多出的一块

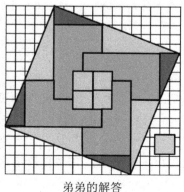

弟弟的解答

好吧，前面的图看起来相当有说服力……但一定有什么地方出错了，因为弟弟的"正方形"的面积必定小于原来"正方形"的面积。事实上，两个图形都不是完美的正方形。原来的图形中间稍微往外凸，第二个则稍微向内凹。例如，两个不同大小的三角形块的水平边长与竖直边长之比分别是8:3和5:2。如果两个图形都是正方形，这两个比例应该是相等的。但它们分别是2.67和2.5，两者不相等。

五枚银币

水手长将一枚银币放在桌上，然后把另外两枚置于其上，使得它们在第一枚银币的中心处接触。最后将剩下两枚银币放在边缘的留空处，使得它们斜靠在一起，在顶部接触。再一次地，所有五枚银币相互接触，所以它们相互之间也是等距的。

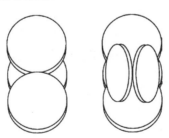

前三枚银币像左图那样放，然后加上另外两枚

狗的蹊跷表现

序列中的下一个数是46。

福尔摩斯的洞见是：不要光看有什么，还要看缺什么。缺少的数是：

3　5　6　9　10　12　13　15　18　20　21　23　24　25　27
30　31　32　33　34　35　36　37　38　39　40　42　43

它们是3的倍数、5的倍数、包含数字3的数以及包含数字5的数。所以序列中的下一个数是46（因为45是5的倍数）。

数学要难

拉格朗日插值公式说的是，对于 $j=1, ..., n$，多项式

$$P(x) = \sum_{j=1}^{n} y_j \prod_{\substack{k=1 \\ k \neq j}}^{n} \frac{x-x_k}{x_j-x_k}$$

满足 $P(x_j)=y_j$。回想一下，林德霍姆的书是基于这样一个前提：数学应该弄得尽可能复杂，以便提高数学家的声望。实际上，这里的基本思想很简单。用不那么紧凑的记法，上述公式可写成

$$P(x) = \frac{(x-x_2)(x-x_3)\cdots(x-x_n)}{(x_1-x_2)(x_1-x_3)\cdots(x_1-x_n)} y_1 + \cdots$$
$$+ \frac{(x-x_1)(x-x_2)\cdots(x-x_{n-1})}{(x_n-x_1)(x_n-x_2)\cdots(x_n-x_{n-1})} y_n$$

当 $x=x_j$ 时，由于存在因子 $(x-x_j)$，除第 j 项外的所有项都消失了。第 j 项没有那个因子，它是一个看上去很复杂的分数乘以 y_j。然而，那个分数的分子和分母是相同的，所以该分数是1。1乘以 y_j 还是 y_j。真是狡猾！

例如，为了证明序列1, 2, 3, 4, 5, 19是有效的，我们取 $x_1=1, x_2=2, x_3=3, x_4=4, x_5=5, x_6=6$ 以及 $y_1=1, y_2=2, y_3=3, y_4=4, y_5=5, y_6=19$。然后计算可得

$$P(x) = \frac{13}{120}x^5 - \frac{13}{8}x^4 + \frac{221}{24}x^3 - \frac{195}{8}x^2 + \frac{1841}{60}x - 13$$

并且 $P(1)=1, P(2)=2, P(3)=3, P(4)=4, P(5)=5, P(6)=19$。

爱德华·华林在1779年最早发现这个公式。欧拉在1783年重新发现它，拉格朗日在1795年再次发现它。所以这个公式是以第三发现者的名字命名的——在为数学思想命名时，这种情况并不罕见。

一个四色定理

至少需要十一个圆。下图是一种需要四种颜色的排列。为了证明，先假设它可用三种颜色着色。中间的圆用颜色A着色，左边两个相接的圆分别用颜色B和C着色，则更左边的圆肯定是颜色A，其下面的圆是颜

色B，并且与左下颜色B的圆相接的圆肯定是颜色A。右边的颜色肯定也是类似的：要么X=B，Y=C，要么X=C，Y=B。但不论是哪种方式，都能推得与它们相接的最下面的圆肯定是颜色A。现在，两个相接的圆具有相同的颜色，即A——矛盾出现。

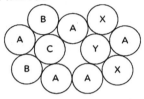

这十一个圆需要四种颜色

可以证明，对于十个或以下的圆，至多需要三种颜色。

混沌之蛇

地球绕太阳公转一周为一年，所以给定一个日期，一年后它会回到轨道上的同一点（位置会有一点偏移，因为精确的公转周期不是整数天数）。具体地，每年4月13日，地球所在位置是阿波菲斯轨道与地球轨道的交点，这是碰撞的一个必要条件。

阿波菲斯的公转周期是323天，与太阳之间的距离最近在0.7天文单位，最远在1.1天文单位。所以它有时在地球轨道的里面，有时在外面。如果阿波菲斯和地球的轨道在同一平面上，它们的轨道会有两个交点。然而，事情并没有那么简单。阿波菲斯的轨道有一个微小的倾角，并且小行星本身足够轻，会受到其他行星引力的影响而改变轨道。因此，尽管两者的轨道不一定会**相交**，但阿波菲斯的轨道（不一定是小行星本身）会在两个位置靠近地球的轨道，并且地球会在两个特定日期到达那两个位置。所以重要的是，在不远的未来，地球在每年的4月13日这一天会处于什么位置。是否会碰撞还取决于那一天阿波菲斯在其轨道上的精确位置，这需要通过极高精度的观测才能确定。所以日期容易算，年份却难算。

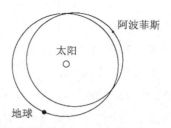

阿波菲斯的轨道相对于地球的轨道

　　事实上，事情还止于如此。（事情总是如此。）计算表明，如果阿波菲斯在2029年恰巧经过一个直径约600米的特定区域，则它必定会在2036年返回几乎同一位置，与地球相撞。幸运的是，最新的观测表明，这样一种碰撞的概率至多是1/45 000。参见：

　　　　neo.jpl.nasa.gov/news/news146.html

　　　　science.nasa.gov/science-news/science-at-nasa/2005/13may_2004mn4

在这两个网页上，阿波菲斯还用的是其临时编号2004MN$_4$。

概率是多少？

　　不，她说错了，概率是2/3。这样捉弄可怜的弟弟，她真是淘气极了。

　　无论他第一次选到什么牌，剩下三张牌都包括颜色不同的两张，以及颜色相同的一张。所以他第二次选到颜色不同的一张牌的概率是2/3。由于这对他无论先选到哪张牌都成立，所以他选的两张牌颜色不同的概率是2/3。

　　还有另一种理解方式。有六种不同的两张牌组合，其中恰好有两种（♠♣ 和 ♥♦）颜色相同，另外四种颜色不同。所以得到这四种之一的概率是4/6=2/3。

史上最短数学笑话

　　在分析学中，ε**总是**被设为一个小的**正**数。所以这个笑话是那个恶搞力学考试题（"有一头大象，质量可以忽略不计……"）更学究的变体。

猜牌 2

三张牌分别是黑桃K、黑桃Q和红心Q。第一张必定是一张黑桃，第三张必定是一张Q，但确切顺序无法确定。

前两个命题告诉我们，这些牌必定是KQQ或QKQ。

后两个命题告诉我们，这些牌必定是♠♠♥ 或♠♥♠ 。

两相结合，我们发现四种可能的组合：

$$K♠ \quad Q♠ \quad Q♥$$
$$K♠ \quad Q♥ \quad Q♠$$
$$Q♠ \quad K♠ \quad Q♥$$
$$Q♠ \quad K♥ \quad Q♠$$

这些组合中的第四组，相同的牌出现了两次，所以可排除在外。其他三组都以不同的顺序使用了同样的三张牌。

这道谜题由杰拉尔德·考夫曼发明。

发财行业

出人意料地，史密斯挣得更多，尽管琼斯每年1600英镑的增幅大于史密斯每年500英镑+1000英镑的增幅。为了看出其中的原因，我们来算算他们的半年工资情况。

	史密斯	琼斯
第1年上半年	5000英镑	5000英镑
第1年下半年	5500英镑	5000英镑
第2年上半年	6000英镑	5800英镑
第2年下半年	6500英镑	5800英镑
第3年上半年	7000英镑	6600英镑
第3年下半年	7500英镑	6600英镑

注意到琼斯的每年1600英镑分成了每半年800英镑，所以他的半年工资每年增加800英镑。而史密斯的半年工资每半年增加500英镑。但尽管如此，

在第一个半年期之后，史密斯在每个半年期都领先，并且随着时间推进，领先越来越大。事实上，在第n年末，史密斯总共挣了$10\ 000n+500n(2n-1)$英镑，而琼斯总共挣了$10\ 000n+800n(n-1)$英镑。因此，史密斯总收入-琼斯总收入$=200n^2+300n$，它是正数，且随着n的增加而增加。

莱奥纳尔多的难题

比萨的莱奥纳尔多在寻找一个有理数x，使得x^2, x^2-5和x^2+5都是完全平方数。最简单的解是

$$x^2 = \frac{1681}{144} = \left(\frac{41}{12}\right)^2$$

这时

$$x^2 - 5 = \frac{961}{144} = \left(\frac{31}{12}\right)^2$$

$$x^2 + 5 = \frac{2401}{144} = \left(\frac{49}{12}\right)^2$$

莱奥纳尔多在他1225年的《平方数之书》中解释了他的解。使用现代记法，他发现了一个一般解

$$\left(\frac{m^2+n^2}{2}\right)^2 - mn(m^2-n^2) = \left(\frac{m^2-2mn-n^2}{2}\right)^2$$

$$\left(\frac{m^2+n^2}{2}\right)^2 + mn(m^2-n^2) = \left(\frac{m^2+2mn-n^2}{2}\right)^2$$

在这里，扮演x的是数$(m^2+n^2)/2$，而且我们想要$mn(m^2-n^2)=5$。尝试$m=5$，$n=4$，我们得到$x=41/2$，以及$mn(m^2-n^2)=180$。这可能看上去没什么帮助，但$180=5\times6^2$。所以将x除以6便可得到答案。

填数游戏

填数游戏的解

我会躲开袋鼠吗？

我会躲开袋鼠。

像第254页那样，用符号写出各个条件。令

A=我会躲开

C=猫

D=我讨厌

E=是肉食动物

H=在这幢房子里

K=袋鼠

L=喜欢盯着月亮看

M=捉老鼠

P=在夜间觅食

S=适合当宠物

T=依赖我

然后用⇒表示"蕴涵"，用¬表示"非"。各个命题（依次）可写成

H ⇒ C, L ⇒ S, D ⇒ A, E ⇒ P, C ⇒ M

T ⇒ H, K ⇒ ¬S, M ⇒ E, ¬T ⇒ D, P ⇒ L

现在应用在第255页提到的逻辑法则：

$$X \Rightarrow Y \text{等价于} \neg Y \Rightarrow \neg X$$

$$\text{若} X \Rightarrow Y \Rightarrow Z, \text{则} X \Rightarrow Z$$

我们可以将这些条件重新写成

$$\neg A \Rightarrow \neg D \Rightarrow T \Rightarrow H \Rightarrow C \Rightarrow M \Rightarrow E \Rightarrow P \Rightarrow L \Rightarrow S \Rightarrow \neg K,$$

$$\text{所以} \neg A \Rightarrow \neg K, \text{或等价地，} K \Rightarrow A_\circ$$

因此，我会躲开袋鼠。

克莱因瓶

要将一个克莱因瓶切成两条莫比乌斯带，只需沿其镜像对称平面纵向切开瓶柄和瓶身。稍作思考便可知，切出的每个部分是莫比乌斯带。

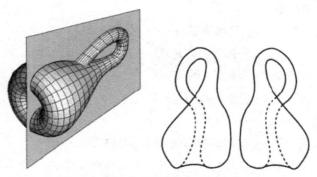

将一个克莱因瓶切成两条莫比乌斯带

统计数字

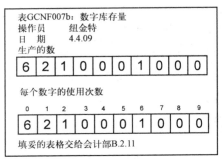

这是唯一符合条件的数

太阳照常升起

如果拉普拉斯的数据是正确的（尽管这非常值得商榷），太阳总是会升起的概率是**零**。

太阳在第n天升起的概率是$(n-1)/n$。因此，

- □ 太阳在第2天升起的概率是1/2
- □ 太阳在第3天升起的概率是2/3
- □ 太阳在第4天升起的概率是3/4

依此类推。因此，

- □ 太阳在第2天和第3天都升起的概率是1/2×2/3=1/3
- □ 太阳在第2天、第3天和第4天都升起的概率是1/3×3/4=1/4
- □ 太阳在第2天、第3天、第4天和第5天都升起的概率是1/4×4/5=1/5

依此类推。这里的模式很明显（也容易证明）：太阳在第2,3,…,n天都升起的概率是$1/n$。而当n变得任意大时，这个值趋近于0。

仅限微积分熟手

更多细节，请参见：

D.P. Dalzell, "On 22/7," *Journal of the London Mathematical Society* 19 (1944) 133–134.

Stephen K. Lucas, "Approximations to π Derived from Integrals with Nonnegative Integrands," *American Mathematical Monthly* 116 (2009) 166–172.

雅典娜神像

神像使用了40塔兰特黄金。

四个分数加起来得到

$$\frac{1}{2}+\frac{1}{8}+\frac{1}{10}+\frac{1}{20}=\frac{20+5+4+2}{40}=\frac{31}{40}$$

剩下9/40，而这等于9塔兰特，所以总共是40塔兰特。

计算器趣题 3

```
6×6=36
66×66=4356
666×666=443556
6666×6666=44435556
66666×66666=4444355556
666666×666666=444443555556
6666666×6666666=44444435555556
66666666×66666666=4444444355555556
```

补齐幻方

题目并没要求你使用整数1–9，并且事实上，如果你真这样做，问题无解，因为到时偶数必定要在角落里。但通过使用分数，你就可以解出这道题。下面给出的是传统的解，它或许是最简单的。但即便你将数限定为正数，还是有其他无穷多个解。

一个非正统的幻方

外观数列

生成数列的规则用文字说明最好。第一项是"1"，可以读作"一1"，所以下一项是11。它读作"两1"，所以下一项是21。它读作"一2，一1"，所以下一项是1211。依此类推。

康威证明了，如果$L(n)$是这个数列中第n项的长度，则

$$L(n) \approx (1.30357726903\cdots)^n$$

其中1.30357726903...是下面这个71次多项式方程的最小实数解：

$$
\begin{aligned}
& x^{71} - x^{69} - 2x^{68} - x^{67} + 2x^{66} + 2x^{65} - x^{63} - x^{62} - x^{61} - x^{60} \\
& + 2x^{58} + 5x^{57} + 3x^{56} - 2x^{55} - 10x^{54} - 3x^{53} - 2x^{52} + 6x^{51} \\
& + 6x^{50} + x^{49} + 9x^{48} - 3x^{47} - 7x^{46} - 8x^{45} - 8x^{44} + 10x^{43} \\
& + 6x^{42} + 8x^{41} - 5x^{40} - 12x^{39} + 7x^{38} - 7x^{37} + 7x^{36} + x^{35} \\
& - 3x^{34} + 10x^{33} + x^{32} - 6x^{31} - 2x^{30} - 10x^{29} - 3x^{28} + 2x^{27} \\
& + 9x^{26} - 3x^{25} + 14x^{24} - 8x^{23} - 7x^{21} + 9x^{20} + 3x^{19} - 4x^{18} \\
& - 10x^{17} - 7x^{16} + 12x^{15} + 7x^{14} + 2x^{13} - 12x^{12} - 4x^{11} - 2x^{10} \\
& + 5x^9 + x^7 - 7x^6 + 7x^5 - 4x^4 + 12x^3 - 6x^2 + 3x - 6 = 0
\end{aligned}
$$

我说过这很难的。

第一百万位数字

第一百万位数字是1。

❑ 数1–9占据了前9位。

❑ 数10–99占据了接下来的2×90=180位。

- 数100–999占据了接下来的3×900=2700位。
- 数1000–9999占据了接下来的4×900=36 000位。
- 数10 000–99 999占据了接下来的5×90 000=450 000位。

这时，我们到达了第488 889位数字。由于1 000 000−488 889=511 111，所以我们要找出100000100001100002…部分的第511 111位数字。又由于它们以六位一组，所以我们可算得511 111/6=85 185$\frac{1}{6}$。因此，我们要找出第85 186组的第一位数字。那一组必定是185 185，它的第一位数字是1。

海盗之道

红胡子船长的银行是避税天堂街上的第19家银行。

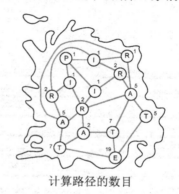

计算路径的数目

这个数足够小，你可以列出所有可能的路径，但求解这类问题存在一种系统性方法。上图显示了同一个地图，并且我移除了永远不会被用到的多余连接，以便保持简单，但即便保留，它们也不会对方法或结果产生影响。

我在字母旁边标上了数，这些数告诉我们到达那个字母有多少种方法。我们逐个来计算它们：一个P、三个I、四个R、三个A、三个T，以及最后的一个E。

- 先在P旁边标上1。

- 从P到每个I只有一条路径，所以我在每个I旁边标上1。

- 依次看每个R连接到哪些I，并将那些字母旁边的数加在一起。其中一个R仅连接到一个标有1的I，所以它的数也是1。其他三个R分别连接到两个标有1的I，所以它们被给予数1+1=2。

- 接来下处理A。最左边的A连接到三个R：一个标有1，两个标有2，所以我们给那个A标上1+2+2=5。依此类推。

- 按这种方式继续下去，我们最终到达最后的一个E。它连接到的T分别标有7，7和5，所以我们给E标上数7+7+5=19。这就是到达E的不同方式的数目。

侧线避车

它们可以交错而过，而不论火车有多长。

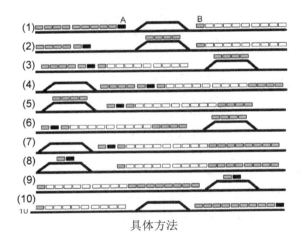

具体方法

(1) 一开始，两列火车分别在侧线的两侧。

(2) 火车B停在右侧远处。火车A向右行驶，进入侧线，卸下后四节车厢，再次进入主线，并倒退回侧线左侧远处。

(3) 火车B通过主线向左行驶，接上火车A的主体。

(4) 火车A+B向右行驶进入侧线，挂上四节车厢，并返回右侧的主线。

(5) 然后它们倒退进入侧线，卸下四节车厢，并返回右侧的主线。

(6) 火车A+B的主体沿着主线向左行驶，直到接近侧线左侧。

(7) 火车A+B向右行驶进入侧线，挂上四节车厢，并返回右侧的主线。

(8) 它们倒退进入侧线，卸下一节车厢和车头A，并返回右侧的主线。

(9) 火车A+B的主体沿着主线向左行驶，直到接近侧线左侧。

(10) 最后，火车A+B向右行驶进入侧线，重新挂上车头A和它的一节车厢。然后火车分开，各奔前程。

无论火车有多长，同样的方法都适用，只要侧线能容纳至少一节车厢或车头。

平方数、数列和数字之和

下一个这样的数列是

99 980 001, 100 000 000, 100 020 001, 100 040 004

100 060 009, 100 080 016, 100 100 025

它们分别是数9999–10 005的平方。

找到这个数列的一个好方法是，先看看数100...00, 100...01, 100...02, 100...03, 100...04, 100...05的平方，它们有很多0，而余下的少量数字之和分别是平方数1, 4, 9, 16, 25, 9。为了将这六个连续平方数数列扩大到七个，我们需要看一下999...9和100...06。99^2的数字之和是18，不是平方数；999^2的数字之和是27，也不是平方数。但9999^2的数字之和是36，是平方数。看看另一头，106^2，1006^2和$10\,006^2$的数字之和是13，不是平方数。

为了排除在15^2和9999^2之间还存在其他可能性，我们只需找到一个由最多相差6的数的平方（且其数字之和不是平方数）构成的数列。例如，

16^2=256，数字之和是13

19^2=361，数字之和是10

（20^2，21^2和22^2的数字之和是平方数，所以我不能使用那些数。）

$25^2=625$，数字之和是13

$29^2=841$，数字之和是13

如此等等。我相信必定存在某种捷径，并且计算机可以快速检验那个范围内的所有可能性。

似乎还没有人知道是否存在由**八个**连续平方数构成的数列，并且各项的数字之和也是平方数。

火柴智力题

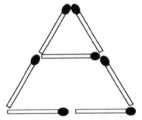

如果你让两个三角形的边重叠，问题就容易多了

切蛋糕

你可得到至多16块。下面是一种切法。

如何用五刀切出16块

一般而言，切n刀时的最多块数是$\frac{1}{2}n(n+1)+1$，即第n个三角形数加1。

滑动硬币

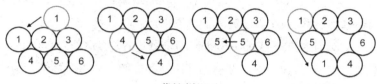

像这样滑动

注意到在第三次滑动时，硬币5刚好从硬币2和4之间滑出。箭头显示的不是具体的移动方向，而只是这枚硬币的去向。

如何才能赢……

一个骰子停了下来，顶面是6。另一个骰子撞到石头上，裂成两半，两个半块的顶面分别是6和1。因此，奥拉夫得分13，险胜瑞典国王的12。

在数学界，这种情况被称为"扩展状态空间"。也就是说，扩展可能结果的范围。这是数学模型无法完美刻画现实世界的原因之一。

在赌界，这被称为"骰子出千"。

在政界，这被称为"政治"。

我是从伊瓦尔·埃克兰的《裂开的骰子》中听说这个故事的。

无限猴子定理

每掷一次，每个符号都有1/36的出现概率，所以平均而言，需要掷36次才能得到任意给定字符。而要得到"DEAR SIR"（算上空格，共八个符号），你需要掷

$$36×36×36×36×36×36×36×36=36^8$$
$$=2\ 821\ 109\ 907\ 456$$

次。莎士比亚全集需要掷$36^{5\ 000\ 000}$次，这个数约等于$10^{2\ 385\ 606}$。如果猴子每秒钟打十个字符（这比一名非常优秀的打字员的速度还快），那么大约

需要3×10$^{2\,385\,597}$年才能完成这个任务。

丹·奥利弗在2004年运行过一个计算机模拟程序，发现经过4.2×10^{28}年的模拟时间后，数字猴子键入了

> VALENTINE. Cease toldor:eFLPOFRjWK78aXzVOwm)-';8.t

这里的前19个符号出现在了莎翁的《维洛那二绅士》第一幕第一场中。更多类似结果参见：

> en.wikipedia.org/wiki/Infinite_monkey_theorem

欧几里得谜题

驴驮了五个麻袋，骡驮了七个麻袋。

设驴驮x个麻袋，骡驮y个麻袋。骡告诉我们两件事情：

$$y+1=2(x-1)$$
$$x+1=y-1$$

由第二个方程可得$y=x+2$。将之代入第一个方程，可得$x+3=2x-2$，得到$x=5$。因此，$y=7$。

路径游戏

如果一个方形棋盘没有缺角，且至少有一边是偶数（我们的例子就是如此），则第一个玩家总是能赢。想像棋盘铺满了2×1的长方形骨牌。任何密铺都可以，比如下图。

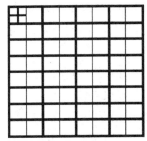

完整棋盘的必胜骨牌策略

　　无论第二个玩家怎么走（除非撞上边缘认输），第一个玩家总是能找到一步，使得蛇的末端落在骨牌的中间。这样走不可能输，因为它没撞上棋盘边缘，而第二个玩家最终会用尽所有可能选项。

　　如果棋盘的两边都是奇数，利用类似的策略，第二个玩家必胜，这时骨牌铺满除符号+所在方格外的其他所有方格。

　　移除右下角的方块会打乱这些骨牌策略。第一个玩家无法用骨牌铺满改后的棋盘，因为现在它有奇数个方块。第二个玩家也不能用骨牌铺满除符号+所在方格外的其他所有方格，但这一点并不那么显而易见，毕竟剩下还有偶数个方块。但如果你想像给它加上黑白交替的国际象棋棋盘图案，这时一种颜色有30个方块，另一种颜色有32个方块。然而，任意一块骨牌恰好覆盖每种颜色的方块各一个，所以密铺本该铺满每种颜色的方格各31个。

　　这时对于其中一个玩家，肯定仍有一种必胜策略，因为这是一个有穷游戏，而且不可能出现平局。但尚不清楚必胜策略是什么，谁又会赢。

填数游戏：威力加强版

ⁱ5		²7 7	³7 ⁴6
⁵1 2 8		⁶2 7	
2	⁷4 0 9 6		

横向

2　$7776=6^5$
5　$128=2^7$
6　$27=3^3$
7　$4096=2^{12}$

纵向

1　$512=2^9$
2　$784=28^2$
3　$729=3^6$
4　$676=26^2$

魔法手帕

如果你正确按照说明去做了，两块手帕会奇迹般地分开。

如果没有成功，再试试，更细心一点。

这个魔术的数学原理是拓扑学：当你通过抓住手帕的末端把它们变成闭环时，环并没有连在一起。它们只是看上去像连在了一起。

算 100 点：修订版

她应该写下：

$$1+2+3+4+5+6+7+8\times9$$

这样就不会输钱了。

用分数算 100 点

这个解答是 $3\frac{69258}{714}$。

其他解答（包括我介绍题目时已经给出的例子）是：

$$96\frac{2148}{537}, \ 96\frac{1752}{438}, \ 96\frac{1428}{357}, \ 94\frac{1578}{263}, \ 91\frac{7524}{836}$$

$$91\frac{5823}{647}, \ 91\frac{5742}{638}, \ 82\frac{3546}{197}, \ 81\frac{7524}{396}, \ 81\frac{5643}{297}$$

证明 2+2=4

这并不是笑话——讲授数学基础的课程正是这样证明的。乍看上去证明的困难部分在于证明结合律（当然，我没有证明，直接拿来用了）。但实际上，困难的部分是定义数和加法。这也正是为什么罗素和怀特海需要在《数学原理》中花费379页篇幅来证明更简单的定理1+1=2。在此之后，2+2=4的证明就简单了。

切甜甜圈

你可得到九块。下面是两种可能的切法。

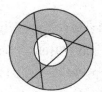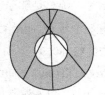

三刀切出九块的两种方法

翻身陀螺

当翻身陀螺翻身倒立旋转时，从上往下看它仍然是顺时针旋转。

如果你想像翻身陀螺是没有支撑地在空中旋转，然后它翻过身来，那它会是逆时针旋转。但翻身陀螺并不是那样的。当陀螺开始翻转时，手柄的尖端碰到地面，它本身开始旋转。这改变了陀螺最终立在手柄上时的行为。

这里的物理学要点是角动量（参见第28页），这是个与旋转物体相关联的物理量，大致相当于质量乘以绕一根适当的轴旋转的速度。运动物体的角动量是守恒的，除非受到某种外力，比如摩擦力的影响。

翻身陀螺的角动量大部分来自球体部分，而不是手柄部分。由于角动量守恒（会因摩擦力而稍有损失），最终的旋转方向必须与原始方向相同。摩擦力只是使旋转变慢了一点。

朱尼珀格林游戏

JG-40中没有其他必胜策略。JG-100中有一个姐姐获胜的类似策略，对此我稍后解释。至于JG-n，我们留在最后说明。

这个游戏似乎最早见于伟大的数理物理学家尤金·维格纳20世纪30年代后期在普林斯顿大学开设的一门数论课程。最近，朱尼珀格林小学的一位老师，罗伯特·波蒂厄斯，独立地重新发明了这个游戏，并用它来教授小孩子乘除法。波蒂厄斯的学生们发现，对于JG-100，当且仅当姐姐从58或62开始时，她总是能赢。

对此的分析有赖于质数，而后者可分成几类：大于100/2的大质数（53，59，61，67，71，73，79，83，89，97）、介于100/3和100/2之间的中大质数（37，41，43，47）、介于100/4和100/3之间的中间质数（29，31）、小于100/4但不太小的小质数（17，19），以及极小质数（2，3，5，7，11）。必胜策略是选择中间质数的两倍。比如，下面是姐姐以58开始时的情况。

轮次	姐姐	弟弟	姐姐	弟弟
1	58		58	
2		29		2
3	87		62	
4		3		31
5	51		93	
6		17		3
7	85		51	
8		5		17
9	95		85	
10		19		5
11	57		95	
12		1		19
13	97		57	
14		输		1
15			97	
16				输

在他的数论课程中，魏格纳解决了整个问题，给出了一个所有情况下的必胜标准。JG-n的答案取决于$n!$的因数分解中的质数的各个幂次是奇数还是偶数。

斯莱德的辫子

斯莱德的辫子把戏有赖于一个拓扑学小知识：在普通三维空间中，他的皮带也可以变换成为辫子。所以他只需在桌子底下摆弄它，直到它变成辫子形状。在下图中，为清晰起见，我将皮带的三条分得比较开。

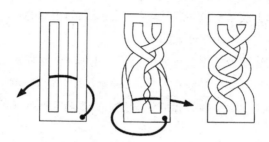

这一系列动作引入了六个额外的交叉，多次重复就可编出很长的辫子

斯莱德的职业生涯丰富多彩，最终在1885年被赛伯特委员会揭发是一个骗子。参见：

en.wikipedia.org/wiki/Henry_Slade

避开邻居

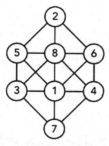

如何避开邻居

这是唯一的解，如果不算其旋转和反射。

飞轮不动

车轮边缘接触地面的点的瞬时速度为0。"不打滑"条件意味着这一点的水平速度为0，"无反弹"条件意味着这一点的垂直速度也为0。

这很有趣，因为相应的点也在以10米每秒的速度匀速移动。但当它移动时，路面上的某一点对应于车轮上的一系列不同的点。而问题是关于车轮上的点，而不是路面上的点。

一个使用微积分的更细致分析表明，在车轮上这样的点中，只有一个点的瞬时速度为零。假设在时刻0，表示车轮的单位圆的圆心在(0, 1)处，并沿x轴向右滚动。并且我们将一开始时接触原点(0, 0)的圆上那点涂上黑色。

到了时刻t，圆向右滚出$10t$的距离，**顺时针**转过角度$10t$。黑点现在位于点

$$(10t - \sin 10t, 1 - \cos 10t)$$

处，它的瞬时速度是上式对t求导，即

$$(10 - 10\cos 10t,\ 10\sin 10t)$$

而当

$$\cos 10t = 1,\quad \sin 10t = 0$$

即$10t = 2n\pi$（n为整数），或$t = n\pi/5$时，它的瞬时速度为零。但在这些时候，黑点在位置$(2n\pi, 0)$，也就是车轮边缘接触地面的一系列点。

同样的计算表明，任何不在车轮边缘上的点总是有非零瞬时速度。这里细节略去不表。

点的放置问题

可以证明，这个过程到第17个点后就无法再继续下去。

首份证明由米奇斯瓦夫·沃尔穆斯（Mieczysław Warmus）发现，但未发表。首份发表的证明由埃尔温·伯利坎普和罗恩·格雷厄姆在1970

年给出。沃尔穆斯之后在1976年发表了一个更简单的证明。他还证明了放置17个点有1536种不同的模式，它们形成了768个镜像对。

平面国的国际象棋

白棋先出马必赢。

这是**唯一**的必赢开局，唯一性的分析我略过不表。

为了看出为什么出马会赢，不妨将棋盘从左往右分别编号1–8，并使用符号：R=车，N=马，K=王，×=吃，—=移动，*=将军，†=将死。下表仅显示了部分可能的移动序列，也就是白棋（W）的每一步移动（此时无论黑棋怎么走，最终都是白棋赢）。黑棋（B）的所有可能回应也考虑了进去。这种技术称为"修剪游戏树"。它忽略了白棋赢的其他方法（如果它们存在的话），也忽略了任何可能导致白棋必输的白棋移动。

W	B	W	B	W	B	W	B	W
N–4	R×N	R×R	N–5	R×N†				
	R–5	K–2	R–6	N×R†				
		R×N	R×R	N–5	R×N†			
N–5	N×R*	K–7	R–4	K×N	K–2	K–7	R×N†	
			N–3*	K–2	N–1	N–8†		
					N–5	N–8	K×N	R×N†

无限大乐透

你无法赢，你总是会最终无球可用。

这可能看上去相当违反直觉，特别是考虑到彩球总数在每一步都可以增加极大的数量。但这些数量终究是有限的。雷蒙德·斯马利恩在1979年证明了，你总是会输。他的思路是，看箱子中最大的数，并追踪标有那个数的彩球。

首先，假设箱子中最大的数是1，则所有彩球上的标号都是1。因此，你必须逐个移除所有彩球——你输了。

现在，假设箱子中最大的数是2。你不能一直不停地移除标号1的彩球，因为它们最终会用完。因此在某个阶段，你必须移除一个2，并代之以大量1。现在，2的数量减少了。1的数量增加了，但它仍然是有限的。再一次地，你依旧不能一直不停地移除1，所以最终你必须移除另一个2，并代之以大量1。现在，2的数量再次减少。时不时地，你不得不移除一个2，所以最终你会用完所有2。现在箱子中的所有彩球都是1——我们已看到，在那种情况下你必输无疑，而无论里面有多少个1。

嗯，但也许箱子中最大的数是3。好吧……你不能一直不停地取出（并移除）标有2和1的彩球，出于刚才已经讨论过的原因。所以最终你必须移除一个3，使得标号3的彩球的数量减少一。同样的论证表明，你必须在某些时候移除另一个标号3的彩球，接着又一个，直到你耗尽标号3的彩球。现在箱子中仅包含标有1和2的彩球——我们已经看到，在那种情况下你输定了。

如此继续，很容易看出，如果箱子中最大的数是4, 5, 6, ...，你会输。也就是说，无论箱子中最大的数是什么，你都会输。箱子中的彩球的数量是有限的，所以必定存在某个最大的数。

无论它是什么，你都必输无疑！

这是利用数学归纳法原理给出的证明。这个原理指出，如果整数n的某个性质对$n=1$成立，并且如果它对任意n成立意味着它对$n+1$也成立，则它对所有整数都成立。在这里，相关的性质是"如果箱子中最大的数是n，则你会输"。

我们来验证一下。如果$n=1$，则箱子中最大的数是1，你输了。

接下来，假设我们已证明了，如果箱子中最大的数是n，则你会输。现在，假设箱子中最大的数是$n+1$。你不能一直不停地移除n或更小的数，因为我们知道，你这样做的话，必输无疑——你会用完标有n或更小数的彩球。所以在某一时刻，你必须移除一个标号n+1的彩球，使得这种彩球的数量减少一。出于同样的原因，那个数量肯定会一次又一次地减少一。最终你会移除所有标号n+1的彩球。这时剩下的是标有n或更小数的彩球，所以你输了。简言之，如果箱子中最大的数是n+1，则你会输。这样你就完成了这个数学归纳法证明所需的另一步。

你可以继续这个游戏，随你喜欢多久，但它必定会在有限多步后结束。不过，这个有限大的数，你想要有多大就能有多大。

经过的客轮……

13班。

假设（日期无关紧要，但加上日期会使求和更为简单）我们从纽约出发的客轮在1月10日离开码头。它在1月17日抵达伦敦，恰好遇到1月17日从伦敦出发的客轮离开码头。

类似地，1月3日从伦敦出发的客轮在1月10日抵达纽约，正值上面提到的那班客轮离开码头。

因此，在公海上，我们的客轮会遇到在1月4日到1月16日之间从伦敦出发的客轮，总共13班。

最大的数是 42

那个复杂的计算纯粹是个误导。这里的谬误在于假定"这样的数n存在"。这很好地说明了数学证明的一个关键方面：如果你通过它具有某个具体性质来定义某样东西，则你不能假定"它"已经具有该性质，除非"它"确实存在。

在本题中，它不存在。

版 权 声 明

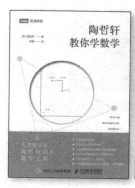

黑白，2017–11，39.00 元　　　黑白，2017–11，99.00 元　　　黑白，2017–11，39.00 元

黑白，2017–10，49.00 元　　　全彩，2017–08，49.00 元　　　黑白，2017–07，42.00 元

黑白，2017–05，39.00 元　　　黑白，2017–05，49.00 元　　　黑白，2017–04，46.00 元

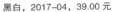

数学万花筒
（修订版）

黑白，2017-04，39.00 元

数学万花筒2
（修订版）

黑白，2017-04，39.00 元

数学万花筒3
夏尔摩斯探案集

黑白，2017-04，39.00 元

追踪引力波
寻找时空的涟漪

黑白，2017-03，49.00 元

计算进化史
改变数学的命运

黑白，2017-03，39.00 元

你不可不知的
50个
化学知识

黑白，2016-11，35.00 元

我心爱的雷龙
不写给大人的恐龙书

黑白，2016-09，45.00 元

数学悖论
与
三次数学危机

黑白，2016-09，49.00 元

趣味学数学

黑白，2016-08，79.00 元